普通高等教育艺术设计类
"十三五"规划教材

环境艺术设计专业

Bieshu Sheji

别墅设计

（第二版）

编 著 杨小军

中国水利水电出版社
www.waterpub.com.cn

内 容 提 要

本书通过对国内外优秀别墅设计的评论与分析，对别墅设计的功能、场地、造型、文化等基本特性的讲解与训练，使学生了解当今国内外别墅设计的发展趋势，理解别墅设计的基本方法与概念逻辑，掌握处理别墅设计中诸如"功能与造型""环境与文化"等问题的方法，从而建立起完整的建筑空间设计观。全书图文并茂，并充分考虑了该课程授课安排的时效性，实行"周进制"进程制度，以期更利于老师教、学生学。

本书适合环境艺术设计、建筑设计和城市规划专业的师生作为教学用书，也可供相关专业人士参考。

图书在版编目（ＣＩＰ）数据

别墅设计 / 杨小军编著. -- 2版. -- 北京：中国
水利水电出版社，2016.1(2021.2重印)
　普通高等教育艺术设计类"十三五"规划教材. 环境
艺术设计专业
　ISBN 978-7-5170-3840-5

　Ⅰ. ①别… Ⅱ. ①杨… Ⅲ. ①别墅－建筑设计－高等
学校－教材 Ⅳ. ①TU241.1

中国版本图书馆CIP数据核字(2015)第283458号

书　　名	普通高等教育艺术设计类"十三五"规划教材. 环境艺术设计专业 **别墅设计 （第二版）**
作　　者	杨小军　编著
出版发行	中国水利水电出版社 （北京市海淀区玉渊潭南路 1 号 D 座　100038） 网址：www. waterpub. com. cn E - mail：sales@waterpub. com. cn 电话：（010）68367658（营销中心）
经　　售	北京科水图书销售中心（零售） 电话：（010）88383994、63202643、68545874 全国各地新华书店和相关出版物销售网点
排　　版	中国水利水电出版社微机排版中心
印　　刷	天津嘉恒印务有限公司
规　　格	210mm×285mm　16 开本　11.5 印张　329 千字
版　　次	2010 年 7 月第 1 版　2010 年 7 月第 1 次印刷 2016 年 1 月第 2 版　2021 年 2 月第 4 次印刷
印　　数	9001—12000 册
定　　价	**45.00 元**

第 二 版 前 言

别墅设计是一门建筑与环境设计专业的必修课，也是专业设计入门阶段的传统基础课程。本教材的结构组成充分考虑课程安排的时效性，在 64/80 课时范围内，以知识单元为架构，以"周进制"为进程制度进行组织教学，通过对国内外优秀别墅设计的评论与分析，突出对别墅设计的功能、场地、文化、造型等基本问题的讲解与训练，使学生了解当今国内外关于别墅设计的发展趋势，理解别墅设计的基本方法与概念逻辑，掌握处理别墅设计中诸如"功能与造型""环境与文化"等问题的能力，从而建立起完整的建筑空间设计观。

《别墅设计》由中国水利水电出版社于 2010 年 7 月出版第一版至今，已重印多次，受到国内高校的普遍重视，得到较高的评价与反映。为了更好地建设优质教材，推进教学改革实践，提高教材在教学中的应用和推广价值，加之适逢入选浙江理工大学重点教材建设项目等契机，因此，在总结思考近几年教学与研究得失的基础上，以较大的篇幅改动，重新编写了此书。

本书的第二版在保持第一版特色的基础上进行修订，主要是对原有教材框架体例作进一步整合完善。目的在于进一步丰富与完善教材内容，提高教材使用的系统性、指导性和可操作性。具体如下：保留第一单元原有内容做适当案例更新，分析优秀案例背后的设计逻辑，培养学生的设计意识和扩大学生的文化视野；第二单元中保留第一版中别墅设计四个基本问题的前三个，结合原有第三单元内容将原先时空问题细化为造型问题，继续本着理论与实践紧密结合的原则，结合典型案例与学生习作，将专业知识点融于教学实践中，扩大学生的专业视野和知识构架；第三单元内容调整为别墅设计程序与方法的讲解，目的是加强对学生设计操作的程序性、规范性问题的学习；第四单元中更新并丰富了相关教学指导作品的分析，继续结合课堂教学的实际，以适当的基地为例，使学生系统运用前三单元讲解的相关知识点，进行课题设计实践，目的是让学生在全面、系统的教学实践过程中能更有效地掌握别墅设计的方法与原理。

《别墅设计》第二版的编写，应该是自己近几年来从事本专业教研工作，尤其是在本课程教学实践中取得的成果与心得总结。当然在整个成书过程中也得到了相关人士的帮助与支持，非常感谢中国水利水电出版社淡智慧主任、何冠雄编辑给予的大力支持与帮助，感谢浙江理工大学艺术与设计学院的同事王依涵老师提供的资料，感谢配合教学实践的艺术与设计学院环境设计系的一群年轻又可爱的同学们。还有在本书编写过程中，作者参考和借鉴了大量资料，在此对这些专家、作者表示诚挚的敬意和深深的谢意！由于各种原因，一些文字和图片来源未能作出详细的说明，在此一并表示最诚挚的感谢！

由于作者水平有限，书中难免有疏漏之处，恳请有关专家、同行及广大读者批评、指正。

杨小军

2015 年 7 月于浙江理工大学

第 一 版 前 言

　　别墅设计是一门建筑与环境设计的专业必修课，也是专业设计入门阶段的传统基础课程。本教材通过对国内外优秀别墅设计的评论与分析，对别墅设计的功能、场地、时空、文化等基本特性的讲解与训练，使学生了解当今国内外关于别墅设计的发展趋势，理解别墅设计的基本方法与概念逻辑，掌握处理别墅设计的诸如"功能与造型"、"环境与文化"等问题的能力，从而建立起完整的建筑空间设计观。

　　本教材的结构组成充分考虑课程安排的时效性，在64/80学时的课时范围内，以知识单元为架构组织教学，实行"周进制"进程制度，突出对别墅设计的几个基本问题进行讲解与训练。第一讲阐释别墅设计的课程背景，引入国内外优秀案例，进行解读与分析，并对未来社会的居住"模式"作了探讨。目的是汲取这些优秀案例背后的设计逻辑以便用于学生自己的设计过程中，同时也是为了扩大学生的专业视野和知识构架。第二讲重点讲解别墅建筑的四个基本特性，本着理论与实践紧密结合的原则，结合典型案例与学生习作，将知识点融于教学实践之中，这也是本教材重视体验式案例教学所在。第三讲贯穿"体察生活、发现生活、向生活学习"的教学理念，结合设计符号学、设计心理学等相关学科切入别墅建筑的造型语言与表达，通过对建筑造型语言的锤炼与拓展，结合设计立意来表达设计的文化属性，培养学生的设计意识和文化视野，因为这是设计的精神支柱与重要特性。第四讲通过具体的学生习作分析，目的是让学生在全面、系统的教学实践过程中能更有效地掌握别墅设计的方法与原理。

　　本教材所编写的章节都是作者在从事教学实践工作的过程中，有感于学生对于学习别墅设计迫切需要解决的一些问题，对别墅设计的理论、方法等作了较为系统的阐述，并展示了大量图例，内容新颖。使教材的系统性和完整性与课堂教学内容和形式形成互动，并在内容和形式上凸显特色。其重点是培养学生全面掌握别墅设计的系统过程，使学生的设计思想、设计知识形成一个完善的体系；其思路是把别墅设计的方法、概念、思路等加以总结，转化成相应的设计逻辑规律；其意义在于通过强调相关知识的有机联系，综合相关的交叉学科来组织教学，为环境艺术设计专业学生的设计能力培养，探索一条可行的教学之路。

　　由于作者学识有限，加之编写时间仓促，书中难免存在诸多不足之处，恳请读者指正，以示谢意。

杨小军

2010年3月于浙江理工大学

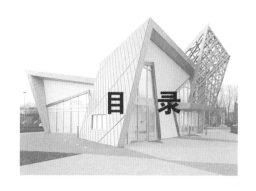

目 录

Unit 1

第 1 单元 别墅设计课程解读

1.1　课程概述

1.1.1　课程组织

(建议 80 学时/16 学时 ＊5 周)

知识单元	课 程 内 容			课时
	重难点	主要内容	命题训练	
第 1 单元　别墅设计课程解读	重点：大师作品解析 难点：对未来社会生活方式的思考	1.1　课程概述 1.2　经典别墅设计案例解读 1.3　别墅设计的发展趋势 1.4　未来居住"模式"探讨	（一）解析建筑 ——向大师作品学习	12
第 2 单元　别墅设计的基本问题	重点：功能与造型、环境与文化等 难点：设计的文化表述	2.1　别墅的功能问题 2.2　别墅的场地问题 2.3　别墅的文化问题 2.4　别墅的造型问题	（二）优秀设计案例调研与收集	12
第 3 单元　别墅设计程序与方法	重点：设计立意、空间建构 难点：设计构思与推进	3.1　设计准备 3.2　设计立意与构思 3.3　设计展开 3.4　设计表达	（三）空间建构 （四）设计"图语"收集	16
第 4 单元　课题实践	重点：课题分析与表达 难点：方案探索与比较、深化与完善	4.1　课题概况 4.2　教学指导作品评析	（五）主题别墅设计实践	40

1.1.2　概念

　　别墅"villa"原意是城市住宅"house"之外用来享受自在生活，体现生活品质的第二居所。随着社会文明程度的提高，社会财富的积累，别墅已迅速成为一种居住商品。当下，别墅建筑已具备了更多居住建筑的属性，其概念也逐渐演化为一种城市环境里的独户单幢花园住宅（见图 1-1 和图 1-2）。

图 1-1　别墅图例（一）

图 1-2　别墅图例（二）

1.1.3　类型

别墅建筑发展至今，已成为一种具有丰富内涵的建筑类型。

（1）按其所处的地理位置不同，可分为山地别墅、森林别墅、滨水（江、湖、海）别墅、草原（牧场）别墅、田园别墅等。

（2）按其功能不同，可分为度假型别墅、经营性别墅、商住型别墅、自住型别墅等。

（3）按其建筑风格不同，可分为中式别墅、欧式别墅、美式别墅、日式别墅等。

（4）按其建筑形式不同，可分为独立式别墅、双拼式别墅、联排式别墅、叠排式别墅、空中别墅。

1.1.4　特征

从人类居住历史的发展历程来看，别墅属于居住建筑中一个特殊类型。主要表现在以下几个方面。

（1）别墅是一种独立式的居住建筑，其用地往往是特殊选定的，一般选在山上、水边、林中等乡村或城郊环境优美的地方，由于环境特殊，在设计上特别要强调与场地环境的协调。

（2）别墅是私人建造或个别设计建造的，其环境条件、建筑造型、功能需求及风格特征都是根据个性化需求而专门设计建造的，有别于当下房地产界那种"批量生产"的住宅建筑。

（3）别墅一直处在建筑设计与流行观念的最前沿，使得别墅设计易于接受新的创新与变革，易于作为新兴建筑观念的实验场，其往往成为设计师创新和实践设计理念的最佳载体。

因此，区别一般住宅和别墅，并不是以规模大小、投资多少、标准高低为依据，其真正意义上的别墅，是更为强调空间和环境的特殊性、居住者需求的针对性和设计建造的创造性。如果说一般住宅是建筑设计共性的集合，那别墅更强调的是个性。可以说，理想的别墅是优质生活的一个体现（见图 1-3～图 1-6）。

图 1-3 融入环境的乡村别墅

图 1-4 杭州绿城桃花源组院别墅

图 1-5 杭州
九树公寓

图 1-6　深圳华侨城海景别墅

1.1.5　课程意义

　　别墅设计课程是建筑与环境设计专业的必修课程，也是设计专业入门的传统基础课程。

　　首先，因为别墅作为居住建筑的一个类型，具有居住建筑的所有属性，虽然建筑设计有大小之别，但其基本设计程序和方法大同小异。通过别墅设计的学习，可以在空间设计的功能分区、动线组织、结构布置等方面得到完整概念和基本训练。

　　其次，别墅建筑体量小巧，约束条件相对较少，建筑空间灵活、造型风格迥异、自由发挥余地较大，有利于学生在设计过程中掌握建筑造型能力，为今后做相近项目形成一种积累。

　　再次，由于别墅设计工作量相对较小，可以在有限的教学学时内对设计过程、工作方法和成果表达作完整、规范和全面的训练。

1.2　经典别墅设计案例解读

　　20 世纪西方国家建成了许多著名的别墅作品，这些建筑正是时代变迁、风云变幻所折射出的波光云影。我们选取了其中 10 个比较有代表性的大师作品，以此来回顾百年别墅设计的思潮和风格变化。对这 10 个典型的别墅的由来、设计者、主人及当时社会背景等内容的讲解，有助于我们认知西方建筑在 20 世纪的演化历程，也有助于我们对今天这个时代的别墅设计有纵向的比较与理解。品读大师作品，对今天大学课堂里别墅设计的教与学是十分重要的。

1.2.1　萨伏伊别墅（1929—1931）

设计者：勒·柯布西耶（Le Corbusier，1887—1965）

　　勒·柯布西耶，以及萨伏伊别墅是任何一部关于现代建筑史中必要重点描述的对象。

勒·柯布西耶是现代主义建筑四大师之一，本名夏尔·爱德华·让乃亥（Charles-Edouard Jeanneret），出生于瑞士小城拉绍德封（见图1-7）。柯布西耶13岁脱离正规教育，20岁开始漫游欧洲，30岁定居巴黎。他一生设计了超过一百个住宅建筑作品。他提出"住宅是居住的机器"的口号，于1923年写作了《走向新建筑》一书，把新建筑的一个重要起点设在了住宅革命这个问题上。1926年他提出了"现代建筑五要素"，即：底层架空、自由平面、自由立面、带形长窗、屋顶花园，公然与建筑的古典范式彻底决裂，而萨伏伊别墅就是勒·柯布西耶新思想的最佳样本。

图1-7　勒·柯布西耶

萨伏伊别墅坐落在巴黎近郊的普瓦西。整个建筑充满着纯粹的造型、纯粹的白色，由底层柱子将建筑挑空，仿佛从天而降在一片为森林所包围着的草坪上。底层从第二层柱子用玻璃围合了门厅、车库和佣人房等功能空间，主要的起居、卧室、厨房、餐厅设在二层，三层是平屋顶做成的屋顶花园。为了强调空间的自由流动，柯布西耶在室内使用贯穿于各层的坡道打破了传统单元房间之间的关系。由于别墅的外墙比柱子的外缘进一步挑得更远，立面仿佛从承重结构浮凸出来，更强调了建筑凌空飞架的态势，绝好地隐喻了技术帮助人类挣脱自然束缚的意义（见图1-8）。

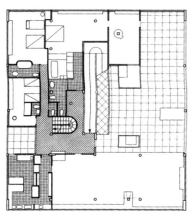

二层平面图

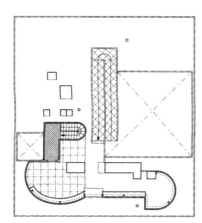

三层平面图

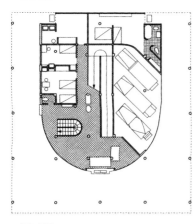

一层平面图

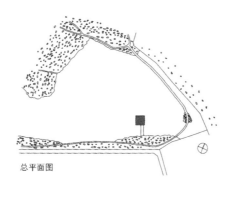

总平面图

（a）

（b）

（c）

（d）

图1-8　萨伏伊别墅

[图片（a）引自：东京大学工学部建筑学科 安藤忠雄研究室编.曹文君译.勒·柯布西耶全住宅.宁波出版社.2005]

[图片（b）、（c）、（d）引自：林鹤著.西方20世纪别墅二十讲.生活·读书·新知三联书店.2005]

1.2.2 流水别墅（1934—1936）

设计者：弗兰克·劳埃德·赖特（Frank Lloyd Wright，1867—1959）

赖特是现代主义建筑四大师之一，美国本土建筑师，"有机建筑"概念的倡导者。1893年赖特开办了自己的事务所，一生两万多个设计方案，七百多个遗存建筑，是美国的建筑行内的国宝级人物。从幼年起，赖特经常住在美国中西部的威斯康星州，这里大片绿意盎然的起伏丘陵、湿润富饶的草原牧场的地域特征影响了他一生的建筑品性，也孕育了他的"草原住宅"的蓝本。与欧洲的现代主义者相比，赖特更看重建筑与自然和谐相处，而不是借用机器的力量去征服自然（见图1-9）。

图1-9 弗兰克·劳埃德·赖特

流水别墅建于美国宾夕法尼亚的贝尔伦一处山林的瀑布之上，主人是匹兹堡市百货公司老板的考夫曼家族。赖特设计的建筑形象强调了水平方向的舒展感觉，用钢筋混凝土制造出了各层向着不同方向悬挑的大跨度凉台。为求结构的稳定，建筑中心被利用来设置服务设施以及烟囱的竖向体量，来固定悬挑的水平部分。赖特选用了当地大小不一的青灰色石片，堆就几道高耸直墙，与周边的山石融合为一体。别墅犹如从山石间生长起来、植根于此的。与此对照，横向的体块元素触目地现身其间，建筑仿佛是悬浮的、飘荡的。流水别墅是赖特一生设计的重要作品，它的盛名得之于它与独特环境之间相得益彰的绝配，近乎中国古人"天人合一"的理想（见图1-10）。

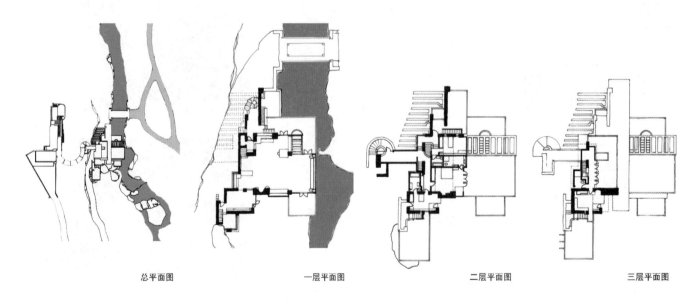

总平面图　　　　　　一层平面图　　　　　　二层平面图　　　　　　三层平面图

图1-10（一） 流水别墅
（图片引自：林鹤著．西方20世纪别墅二十讲．生活·读书·新知三联书店．2005）

图 1－10（二）　流水别墅
（图片引自：林鹤著. 西方 20 世纪别墅二十讲. 生活・读书・新知三联书店.2005）

1.2.3　范斯沃斯别墅（1946—1950）

设计者：密斯・凡・德・罗（Ludwig Mies van der Rohe，1886—1969）

密斯是现代主义建筑四大师之一，出生于德国亚琛市。从 15 岁起，密斯就开始涉足建筑设计，在成名之前为德国建筑师彼得・贝伦斯（Peter Behrens，1868—1940）的事务所工作过，第一次世界大战之后，才逐渐在建筑界崭露头角。他先是积极参加了当时许多艺术团体的活动，在 1926 年担任了德意志制造联盟的副主席，1931 年担任了包豪斯的第三任校长，直到 1933 年包豪斯关闭，移民到了美国。1938 年，密斯出任伊利诺伊工学院的建筑系主任。密斯提出了"少就是多"（Less is more）的口号（见图 1－11）。

图 1－11　密斯・凡・德・罗

范斯沃斯别墅是密斯到美国以后唯一一座建成的别墅，其主人是一位女医生范斯沃斯（Dr Edith Farnsworth）该建筑由两排各四根工字形截面的钢柱支撑地板和屋顶，在地面和天花板之间的墙壁是大片的玻璃。八根钢柱喷上白色的油漆，分成南北两列，沿着 8.6m×23.7m 的外墙轮廓，完成了对整座别墅的支撑。其中，靠西边不到三分之一的部分是带屋顶的露台。为了强调建筑的"浮动"感，地板从地面被特地抬高了 1.5m，门前向南错接的平台也比地面高出四级踏步。在整个立面上，除了九片长约 4m 的踏步板以外，只有三叶白色的横片（平台板、地板、天花板）在不同的高度上漂浮着，这三道粗白线是构图中"横"的因素。整个别墅没有一面真正的墙，屋内中线北侧靠后的地方，有一个"功能核"，几片隔墙揽着厨房、壁炉和一对卫生间几样必不可少的功能区域，用白色的桃花心木包裹着。两张床，一东一西，一横一竖地放着，其中东边的一张床，床头正顶着隔墙，靠南边的一侧摆了一个高衣柜，作为屏风（见图 1－12）。

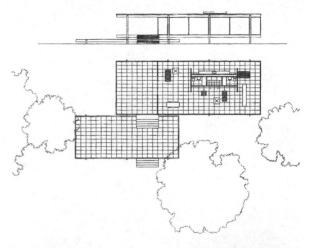

图 1-12　范斯沃斯住宅
（图片引自：林鹤著．西方
20 世纪别墅二十讲．生
活·读书·新知三联书店．
2005）

1.2.4　施罗德住宅（1924）

设计者：格里特·里特维尔德（Gerrit Thomas Rietveld，1888—1964）

荷兰人格里特·里特维尔德原本以家具设计为主业，早年间，他在家具设计的行当里浸淫了二十年之久，先是在父亲手下修习细木工的手艺，后来还到一个珠宝作坊里当过学徒（图 1-13）。1911 年开办了自己的家具作坊，他设计的家具中，最遐迩闻名的一件是 1923 年完成的"红蓝椅"。里特维尔德是荷兰风格派的代表人物。风格派是 20 世纪重要的艺术流派，代表人物还有画家蒙德里安（Piet Mondrian，1872—1944）、范·多斯堡（Theo van Doesburg，1883—1931）等人。

施罗德住宅是现代主义建筑史上一个重要范例，它还有一个别名"风格派住宅"，它的主人是一位律师的遗孀特鲁斯·施罗德·施拉德夫人。该别墅位于荷兰乌特勒支市的郊外，建筑面积大约只有 140m²，建筑的核心位置上立着楼梯，是一架方形平面的旋转梯。平面设计采用了敞开式的灵活布局，各种功能都围绕

图 1-13　格里特·里特维尔德

着楼梯布置。建筑的一层布置了车库、佣人房、储藏室、书房、画室和会客＋餐厅＋厨房三合一的空间，楼上是主人和三个孩子的居住空间。按照风格派的观点，建筑不是传统概念里那种用六个面围合起来的一只立方体盒子，而是各个组件与空间在交错浮动着。在设计中，里特维尔德不但特意强调各个面之间的关系是彼此脱离的，而且还进一步强调着同一个面上的不同节段之间的关系也是彼此脱离的。里特维尔德把楼上设计成可以全部贯通的空间，利用滑动隔墙来分隔出三间卧室和一大片起居室，所有三间卧室都有独立的阳台。在建筑外立面的处理上，他利用活泼的色彩变化、阳台的出挑和材质的交错，把平坦的面变成了不同比例的平面构成（见图 1 – 14）。

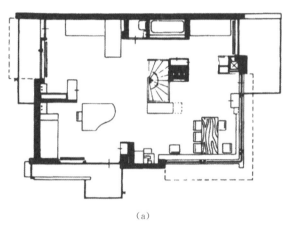

(a)

［图片（a）引自：克里斯汀·史蒂西编．独栋住宅．大连理工大学出版社．2009］

(b)

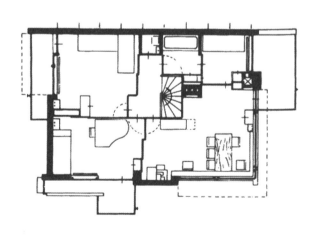

(c)

［图片（b）、(c)引自：林鹤著．西方 20 世纪别墅二十讲．生活·读书·新知三联书店．2005］

图 1 – 14　乌特勒支住宅

1.2.5 玛丽亚别墅（1937—1939）

设计者：阿尔瓦·阿尔托（Alvar Aalto，1898—1976）

图1-15 阿尔瓦·阿尔托

芬兰人阿尔瓦·阿尔托是世界顶尖的建筑大师，他于1916年进入芬兰工业学院念书，师从与格塞留斯（Herman Gesellius，1874—1916）、沙里宁（Eliel Saarinen，1873—1950）合作设计1900年巴黎世界博览会芬兰馆的林德格伦（Armas Lindgren，1874—1929）。阿尔瓦的建筑独有一份温和沉稳的气度，充满人性的感觉。他的建筑体现出了一种"有机的功能主义"。阿尔托的设计范围也不仅囿于建筑一个领域，他设计的玻璃花瓶和曲木家具都远近闻名（见图1-15）。

玛丽亚别墅是在芬兰西海岸的努马库地方一处幽静密林当中的夏季别墅，业主是古利岑夫妇。这所别墅随了女主人取名为"玛丽亚"，是阿尔托一生做得最成功的别墅。阿尔托在设计玛丽亚别墅时，首先考虑的是如何体现生活方式在新时代里发生的变化。因此，阿尔托做了一个自由的平面，来回应现代生活中快速、多变和非仪式化的特性。在一楼，起居室和餐厅的贯通空间占据了进门以后主要的视野。空间选用白色和红褐色的温暖色调来调节压抑沉闷的室外环境。别墅外观上用明亮的橙黄色木板条在主立面上拼就长长的构图横线，与白色砂浆抹灰的白墙交错着做成了一幅色彩构成的画面（见图1-16）。

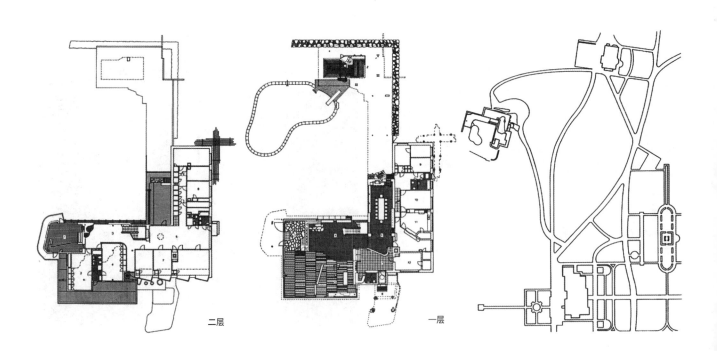

二层　　　　　　　　　一层

图1-16（一）　玛丽亚别墅
（图片引自：林鹤著．西方20世纪别墅二十讲．生活·读书·新知三联书店．2005）

图 1-16（二） 玛丽亚别墅

（图片引自：林鹤著.西方 20 世纪别墅二十讲.生活·读书·新知三联书店.2005）

1.2.6 道格拉斯住宅（1971—1973）

设计者：理查德·迈耶（Richard Meier，1934— ）

理查德·迈耶出生在美国的新泽西，犹太裔。1957 年从康奈尔大学毕业以后，先是在美国 SOM 事务所和包豪斯第二代大师布鲁埃（Marcel Breuer，1902—1981）的事务所等处做了几年实习助手，在 1963 年开始自立门户。1984 年获得了"建筑界的诺贝尔奖"——普利茨克奖（Pritzker Architecture Prize），他是"纽约五"的成员。迈耶把建筑自身的几何性抽取出来，单把它看作一个独立的审美对象。他对于建筑美感的沉醉早已远远抛开了正派现代主义的伦理原则：几何美的本身成了他的建筑目的，而不再是纯粹功能的附着（见图 1-17）。

图 1-17 理查德·迈耶

道格拉斯住宅是迈耶在美国密歇根州春季港湾的一座出色的别墅设计，有 450m² 的建筑面积。道格拉斯住宅得天独厚，它高踞在俯瞰着密歇根湖的陡峭湖岸上，掩藏于严严实实的针叶林中间。隔着湖面放眼而望，视野中铺天盖地的全然一派浓重均匀的绿色，只在最低处有一线雪白的细砂缓坡的湖岸。基地湖岸的倾斜角度接近达到 45°，恰好借助于这段坡地的陡，迈耶藏住了建筑最底下几个立足点的着实痕迹，使别墅嵌在松坡上，闪耀在天蓝树绿之间。从湖坡背后，沿山路走近，看见的是高仅一层的素白墙，这是别墅的顶层，也是作为建筑的"门廊"部分。迈耶用一条如同跳板的步桥，把人直接带进别墅的顶层，桥做成住宅延伸在外的一部分，象征着从自然环境转换到人工环境之间的过渡。桥下还藏着第二片小桥，它从最底下层的起居室出发，重新回头连接上湖坡。面湖的一面整面全部做成通透的玻璃墙，配上纤细的白色窗棂，里面是通高的起居空间，把几组卧室全都挡在了背后。在上下几层卧室门外，采用了开有若干垭口的白色实墙面，以此与开敞的公共活动区域分隔开来，同时也能让人走出卧室站在走廊上看到远处的湖水。从湖中看去，别墅万绿丛中一点白，大面积玻璃窗反射着天光云彩，阳光下的别墅适时表现动态的光影（见图 1-18）。

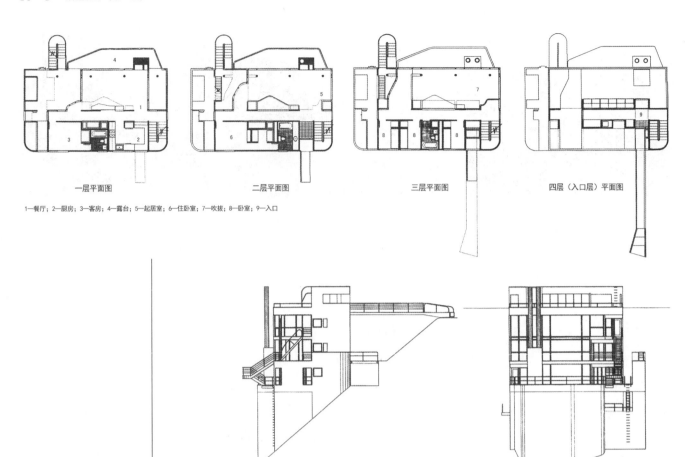

一层平面图　　　　　　二层平面图　　　　　　三层平面图　　　　　四层（入口层）平面图

1—餐厅；2—厨房；3—客房；4—露台；5—起居室；6—住卧室；7—吹拔；8—卧室；9—入口

道格拉斯住宅的侧立面（南）和正立面（西）

图 1-18　道格拉斯住宅
（图片引自：林鹤著.
西方 20 世纪别墅二
十讲. 生活·读书·
新知三联书店.2005）

1.2.7　普莱斯住宅（1990）

设计者：巴特·普林斯（Bart Prince，1947—　）

　　巴特·普林斯出生在新墨西哥州的中部，高中毕业后上了亚利桑那州立大学建筑学院，还未毕业就在 1968 年开始与他的老师高夫（Bruce Goff，1904—1982）合作设计了。此后基本上担任高夫的助手，曾在 1976 年陪伴高夫去了耶鲁大学任教。普林斯继承了高夫的"有机建筑"的思想。普林斯是继赖特、高夫之后的世界级有机建筑大师。

普林斯设计的普莱斯住宅位于加州橘郡闻名退迩的富裕小城纽波特海湾市的海岸边，碧海白沙间，棕榈树下。建筑造型的隐喻看似直接来源于环境的意象。在设计中，曲线是主题，建筑形象是一堆曲线纠结成团而形成的螺旋结构。通过曲线墙把各种空间分隔开，这也正是导致螺壳由一变到多的主要根由。建筑的地段依坡而起，也正合于螺旋形上升的路数，在核心处是一开敞的吹拔，底下是一泓清池。在设计中普林斯专注去发掘与研究的是各种材料及结构的表现力、光线对空间的塑造力。普莱斯住宅的外墙材料用了压叠的木板，一层层纷披着，一绺绺的边际线好比地形等高线似的，把建筑整个绕成了一枚大线团（见图 1 - 19）。

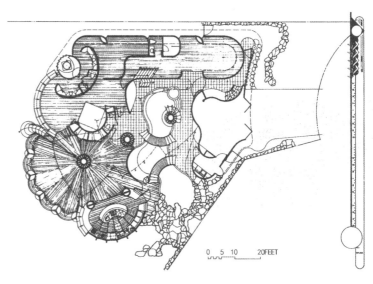

普莱斯住宅平面图及立面图

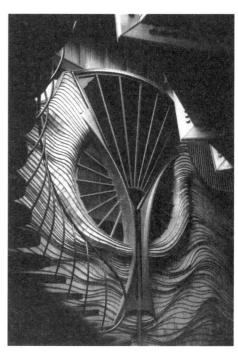

图 1-19　普莱斯住宅

（图片引自：林鹤著．西方 20 世纪别墅二十讲．生活·读书·新知三联书店．2005）

1.2.8　莫比乌斯别墅（1993—1998）

设计者：本·范·伯克尔（Ben van Berkel，1957—　）

图 1-20　本·范·伯克尔

本·范·伯克尔出生于荷兰的乌特勒支，曾就读于阿姆斯特丹的里特维尔德学院和伦敦的建筑协会学院（AA）。1998 年与卡罗琳·博斯（Caroline Bos，1959—　）成立了 UN 工作室。UN 工作室极度重视对项目的观察研究与描述，重视与不同的人群直接进行交流（见图 1-20）。

莫比乌斯别墅位于荷兰阿姆斯特丹的东北部一个叫赫特古伊的地方，基地自然环境景色优美，是一片森林地带，建筑与自然环境直接对话和对空间新的认识成为设计的主题。该建筑共 520m² 的建筑面积，建筑造价高达 120 万美金。新技术改变了建筑的设计方式和建造方式，改变了人们体验建筑的方式。计算机辅助设计帮着建筑师用数字化设计去探索人在建筑内部的各种活动对空间设计的影响。莫比乌斯别墅就是一个以数学模型去比拟异化生活的产物。建筑外观上是两道由混凝土和玻璃配镶而成的大体块，互相叠着、交错着、转换着，反映出了空间与平面的重叠和交织。别墅主人受到新媒体对家庭生活的影响，都是 SOHO 族。因此，空间的组织是贯通的，但又不是现代主义的"流动空间"那个概念。该别墅的内部空间是往复多变，结构体系参差扭转，形式凌驾于功能，却又不是在追求传统美感（见图 1-21）。

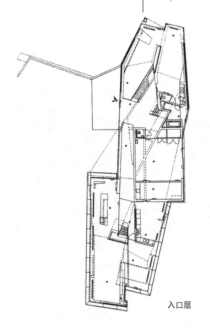

入口层　　　　　顶层

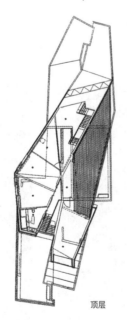

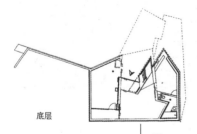

底层　　　　　莫比乌斯别墅平面

图 1-21（一）　莫比乌斯住宅

（图片引自：林鹤著．西方 20 世纪别墅二十讲．生活·读书·新知三联书店．2005）

图 1-21（二）　莫比乌斯住宅
（图片引自：林鹤著.西方 20 世纪别墅二十讲.生活·读书·新知三联书店.2005）

1.2.9　波尔多住宅（1994—1998）

设计者：雷姆·库哈斯（Rem Koolhaas，1944—　）

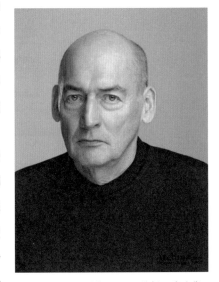

雷姆·库哈斯出生于荷兰鹿特丹，8 岁起在印度尼西亚住过 4 年，19 岁当了一名新闻记者，24 岁进入伦敦的建筑协会学院开始学建筑。大学毕业以后来到美国，一度跟着解构主义大师彼得·埃森曼做过学徒。1975 年，库哈斯回到伦敦，创办了大都会建筑事务所（OMA）。2000 年，获得了第 22 届"普利茨克建筑奖"。库哈斯除了建筑师身份以外，还是一位城市理论家（见图 1-22）。

波尔多住宅是库哈斯在法国的波尔多为一名出了车祸后永远坐在轮椅上的残障人士设计的住宅。建筑基地本是一个小山丘，借用地势，在山脚下挖出孔洞，把建筑的一部分围进，挖出的平地做成封闭庭院。建筑从基底到顶层，像是三个房子被叠在一起。一层依山而凿，是服务设施的空间；二层起居层玻璃围合，看起来轻盈通透；三层的卧室空间包围在一个铸造的水泥箱子里。墙上像舷窗一样的窗户看似随机排列，其实高度适合人站着、坐着和躺着高度，并且朝着特别的景色而设定。在住宅内部，库哈斯为残疾人所做的"无障碍"——一个特殊的电梯，是一个液压控制、能在各楼层之间升降的开敞平台，尺寸是 3m×3.5m。它背后是一列通高的大壁架，随着升降洞口穿透了上下三个楼层，主人可以随时驱动平台到任意高度拿壁架上的物品，也可以让轮椅在室内通行无阻（见图 1-23）。

图 1-22　雷姆·库哈斯

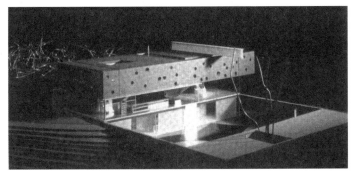

图 1-23（一）　波尔多住宅
（图片引自：邹颖，卞洪滨编著.别墅建筑设计.中国建筑工业出版社.2000）

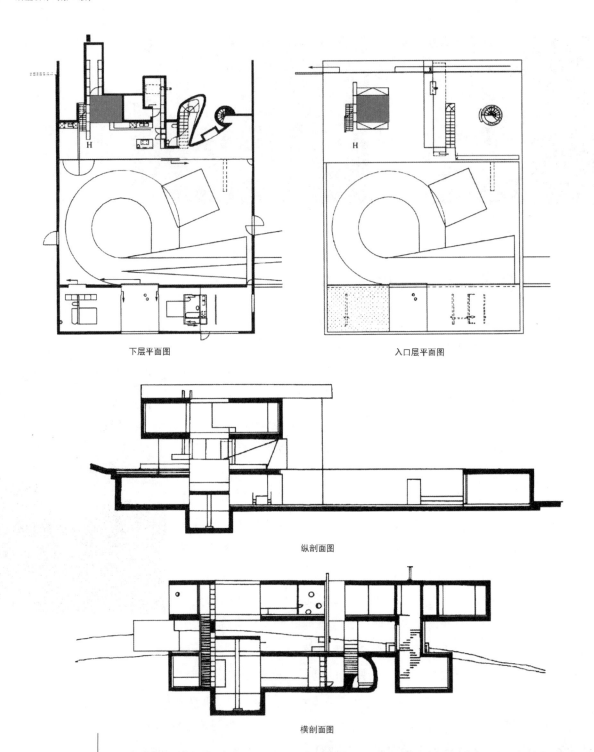

下层平面图　　　　　　　　　入口层平面图

纵剖面图

横剖面图

图 1-23（二）　波尔多住宅

（图片引自：邹颖，卞洪滨编著．别墅建筑设计．中国建筑工业出版社．2000）

1.2.10　卢加诺湖滨别墅（1971—1973）

设计者：马里奥·博塔（Mario Botta，1943—　）

图 1-24　马里奥·博塔

马里奥·博塔出生在瑞士提挈诺州门德里西奥。于 1958 年起在卡门里希事务所从事建筑设计工作，1969 年毕业于威尼斯大学建筑系，曾在柯布西耶和路易·康事务所工作过，深受柯布西耶的立体主义和康的建筑原型思想的影响。1970 年在瑞士卢加诺创建了自己的办公室，1976 年被聘为洛桑州立工科大学客座教授。马里奥·博塔受现代主义和后现代主义双重影响，对各种文化采取了兼收并蓄的态度，在吸收西方文化的同时，又表现出对地域文化和历史的敏感性（见图 1-24）。

卢加诺湖滨别墅坐落在里瓦尔登维塔尔的圣焦尔焦峰山脚下。该建筑设计旨在确定适应当地景观环境条件的一种地方样式，采用了与自然对立但却经典的方正建筑体型来表达对自然与传统的崇敬。建筑东、南两立面朝向湖面，有较大面积的开口，西立面面对山坡，一座红色吊桥自坡地上的道路直接连接到别墅建筑的顶层，在狭小如城堡般的建筑室内，却呈现出宽敞的起居室和阳台，丰富的空间与光影变化，很好地体现了建筑师个人理想的实现于建筑实用性之间的关系（见图 1-25）。

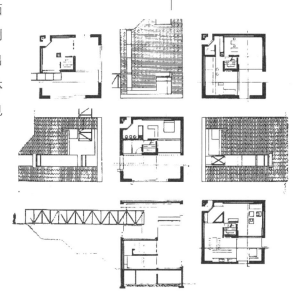

图 1-25　卢加诺湖滨别墅
（图片引自：http://www.zhulong.com）

1.3 别墅设计的发展趋势

别墅设计是一种体现生活品质的设计，也是一种文化品位的选择。由于文化价值观、家庭模式以及建筑技术等的改变，居住建筑尤其别墅建筑已不再是单纯的居住空间了，而逐渐演变为一种新型的建筑观念追求，呈现出多元化的发展趋势，具体可归纳为以下几点。

1.3.1 别墅设计强调环境因素

和谐是人类社会的至高追求，当前面对能源危机、环境恶化、城市景观面貌趋同等一些社会问题，建筑与环境设计理因要考虑其所处环境（物质与人文）的健康发展。建筑的存在不是孤立的，而要受到各种环境因素的限制与影响。别墅设计讲究建筑空间自由，也讲究私隐保护，讲究阳光充沛，也讲究绿化和自然的保护。因地制宜是别墅设计的主要出发点，与当地自然环境、文脉肌理等相协调，为设计的独创性提供契机（见图 1－26）。

图 1－26 日本伦德别墅

1.3.2 别墅设计体现文化倾向

文化是设计的内在力量，因此设计的文化倾向和品位反映出设计价值内在的含金量，尤其对传统文化的尊重是近年来建筑与环境设计的重要原则。居住建筑设计尤其是别墅设计有别于其他建筑，它能真正做到因地制宜，延续、整合不同的地域文化特色。同时，针对别墅受众对生活形态的关注，别墅设计更能反映业主与设计者的职业特点、文化品位、个人喜好及风格理念。许多设计师也更侧重于通过别墅设计来阐述其建筑文化思想。如位于上海浦东世纪公园东侧的九间堂别墅群，汇集了来自中国大陆、中国香港、中国台湾、日本的多位国际顶尖建筑大师设计完成。规划设计追求中式传统建筑空间意趣，对东方哲学思想、人居思想的提炼，用西方美学思想对东方传统文化形式符号再创作。设计师大胆借鉴了中国传统建筑的"马头墙""飞檐翘角""瓦当收口"等意象符号，用新的建筑材料和新的建筑技术将其实现（见图 1－27）。

图 1-27　上海九间堂

1.3.3　别墅设计突出个性特征

　　住宅是人们为满足家庭生活需要，利用自己掌握的物质技术手段创造的人造环境。别墅设计突出个性特征是对"以人为本"人文关怀理念的良好诠释。在经济、资讯快速发展的今天，标榜个性不仅是时髦浪潮，更是实现自我价值的追求。别墅作为人们生活质量的一种标杆，其设计是个别设计，用地是特殊选定的，体型是单独建造的。而总体布局、功能动线和形体组合也应该是多义的，更加强调的是个性化倾向。如 SOHO 中国投资开发的北京长城脚下的公社，由 12 名亚洲杰出建筑师设计建造的私人收藏的当代建筑艺术作品，其个性化的建筑风格与实验性的设计理念，成为中国第一个被威尼斯双年展邀请参展并荣获"建筑艺术推动大奖"的建筑作品（见图1-28）。

图1-28 长城脚下的公社

1.3.4 别墅设计导入绿色理念

随着社会经济、文化的发展，建筑设计从传统的土木钢铁阶段走到了绿色的高新技术发展阶段。建筑与环境设计最终实现的目标是人类生存状态的绿色设计，其核心概念就是创造符合生态主义和可持续性的绿色设计理念。随着绿色设计理念在世界范围内逐渐得到共识，绿色设计理念也已逐渐影响别墅设计，同样强调绿色理念的别墅设计也促进了新材料、新技术和新能源的应用以及人类生活方式的变化（见图1-29～图1-31）。

图1-29 坂茂纸建筑   图1-30 生态覆土建筑

图1-31 里伯斯金绿色预制别墅

1.4　未来居住"模式"探讨

设计教学的目的不仅是对具体的专业技术知识的传播，更是教授学习解决问题的思考方法。"授人以鱼，不如授人以渔"的道理很简单，应该说，学会思考比仅仅学会技能更重要。以别墅设计课程为契机，来对未来生活方式进行思考与展望，使学生能够树立专业学习的前瞻意识，建立系统整体的"大环境设计"观念，形成积极、自觉的观察与思考社会都有着重要的作用。只有这样的学习经历，才能从设计开始深度地了解社会与文化，拓宽自己的视域，从而使设计成为一种生活态度，成为一种做人做事的方法，成为积极思考的手段，以能更加接受未来社会多元价值的挑战。

1.4.1　背景

人类社会进入 21 世纪，社会的生产方式和人的生活方式正在经历着不同于以往任何社会的巨大变化。我们已进入了以数字化技术和网络技术为基础的信息时代，尤其数字化的生活方式使人们的生活呈现出一个前所未有的多元化状态，这也将直接影响着居住建筑的发展。我们要学习和研究的内容已不能仅停留在建筑的区位、面积等表层事物，而要从自然环境和人本主义的角度去思考 21 世纪人类居住建筑的特征，要涉及到健康、闲暇、老龄化、公害、资源等诸多方面的问题。

信息时代给我们带来了无尽的资讯，科技的迅猛发展为我们的设计提供了有效而迅捷的手段。比如信息社会智能化的网络遍布社会各个角落，人们的生活被各种数字化终端设备所包围，各种信息资源时刻充斥着人们的视野，人的社会关系更加复杂多样，人们对事物的理解和看法千差万别，因此，对生活方式的追求也各不相同。同时，信息社会人们的生活在快速高效的基础上有了更多的富余时间，精神需求比物质需求更加受到人们的重视。但是，信息社会虚拟世界和现实世界的错位常常给生活带来麻烦，甚至使人们的审美标准失去判断能力，人们的传统信仰和价值观念正在崩溃。因此，从设计的对象和形态来说，信息社会的设计可分为物质设计和非物质设计两大类型。表现在别墅设计上，物质设计是以建筑空间形态为基础的设计，非物质设计是指以网络、通信等为载体的生活方式的设计。而在实际设计当中，二者常常是相互渗透相互促进的。

1.4.2　未来居住"模式"

基于上述对未来社会生活的背景分析，以下罗列了几种未来社会可能出现的住宅模式及生活状态，可以为学生们进一步思索未来社会居住建筑的发展方向提供参考。

1.4.2.1　森林住宅

所谓森林住宅并不仅仅是意味着直接在森林等自然生态风貌较好的地段建造住

宅，还包括在建筑建设的同时就开始对周边环境进行植树栽花，这样或许经过几年时间就可以培育成美丽的树林花园，而孩子也可以和树木花草一同茁壮成长。有专家说"环境决定人的寿命"，只有珍惜环境、爱护环境，人们才能在环境中受益，长命百岁才不是一句空话（见图1-32和图1-33）。

图1-32 妹岛和世的森林住宅

图1-33 墨西哥僻静森林里的TOC住宅

1.4.2.2 智能住宅

未来社会各种强大的技术力量正为智能住宅催生，智能住宅的建设是基于信息社会技术发展的前提下的住宅模式。在智能技术的支持下，建筑成为能以生物的方式感

知其内部状态和外部环境的生命体。例如
当你下班回到家门口时，无须推门或拉门，
只要通过声音发出指令，房门自动打开就
能顺利入内。不仅是开门、开灯，或放洗
澡水等操作都只要通过声音识别，就能准
确无误地控制设备。再如给住宅构建一处
"健康监测卫生间"，在日常生活中能以自
然而然的方式进行健康体检，主人只要一
坐到坐便器上或镜墙前，就能从体重到血
压、脉搏、体温等——得到检查。或是当
家里某样日用品所剩不多时，只要通过扫
描仪把产品的名称、型号传到超市进行订
货，然后超市就会送货上门，让生活更加
温馨、舒适（见图 1-34～图 1-36）。

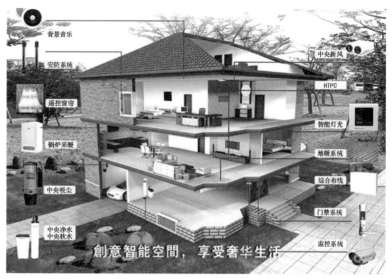

图 1-34 智能住宅

图 1-35 PHILIPS 公司 "诺亚方舟" 项目
（图片引自：张凌浩编著. 产品的语意. 中国建筑工业出版社. 2009）

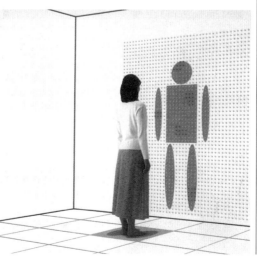

图 1-36 智能住宅内具
有健康检测功能的马桶
与墙面
（图片引自：三泽千代治
著. 朱元曾、王虹译. 2050
年的理想住宅. 中国电影
出版社. 2004）

1.4.2.3 零能源住宅

通过把制造能源的太阳能发电装置和节能的高隔热、高密封等技术相结合，对生活所需的一切能源开源节流，建成能源自给自足型的住宅也是未来住宅的一种模式。有效控制照明、空调、热水器等生活必需的能源消耗，主要靠自家的太阳能发电解决自身所需的能源，尽量不让生活给外界环境造成负担。如日本三泽住宅综合研究所（MHIRD）研究的"混合－Z型住宅"是自身能源产销相抵为零的住宅。这项技术可以使日本估计在 50 年以后所有的住宅都会成为零能源的住宅（见图 1－37 和图 1－38）。

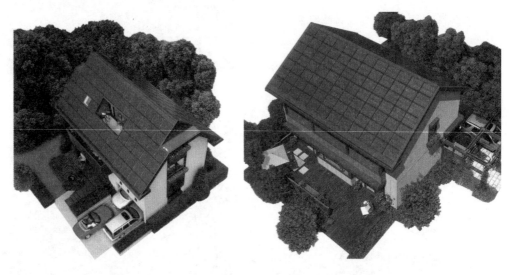

图 1－37　日本零能源住宅（图片引自：三泽千代治著．朱元曾、王虹译．2050 年的理想住宅．中国电影出版社．2004）

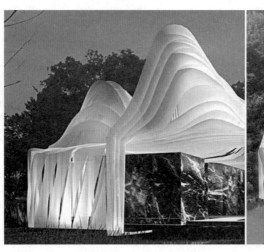

图 1－38　马来西亚零能源住宅

1.4.2.4 悠闲式住宅

现在的假期制度是双休日制，随着社会的发展，将来星期的概念可能会实行工作日与休息日两种，人们的闲暇时间将变长。工作天数减少之后，上下班的时间在比率上就变长了，人们不愿花同样的时间在途中。上下班时间（和工作时间相比）的比率越高，这段来往的路程就显得荒谬无理了。同时，闲暇时间不只是暂停工作，而是另一种生活态度，闲暇时间增加的不仅是公司职员，家庭主妇也可从繁忙的家务中解放出来。因此，设计一种能够足不出户就能享受闲暇的住宅就十分必要了。如在庭院内搭建帐篷，模仿郊外的野营聚餐，在客厅利用互联网、多媒体技术来开派对或畅游世界（见图 1－39 和图 1－40）。

图 1-39　度假一寒假/暑假

（图片引自：三泽千代治著．朱元曾、王虹译．2050 年的理想住宅．中国电影出版社．2004）

图 1-40　OAG 住宅

（图片引自：三泽千代治著．朱元曾、王虹译．2050 年的理想住宅．中国电影出版社．2004）

1.4.2.5　混合型住宅

任何一种建筑材料都不是万能的，木材、混凝土和钢铁都各具特色，只有将建筑材料做到物尽其用，充分利用它们各自的长处，将各种新老材料配合使用建造的混合型住宅，将是未来住宅建筑的潮流。就居住建筑而言，作为与土壤相连接的基础，绝对不会腐烂的混凝土是最合适的材料。木材有吸收和排出潮气的特性，是控制房间湿度的天然空调。木材只要经过充分干燥，就不会腐烂、易燃。墙面选用以土为原料的新陶材，屋顶使用经久耐用的玻璃（见图 1-41～图 1-43）。

图 1-41　混合型住宅

（图片引自：三泽千代治著．朱元曾、王虹译．2050 年的理想住宅．中国电影出版社．2004）

图1-42　日本静冈所有材料均为100％废料再生利用建成的住宅

（图片引自：三泽千代治著．朱元曾、王虹译．2050年的理想住宅．中国电影出版社．2004）

图1-43　日本新陶材住宅
（图片引自：三泽千代治著．朱元曾、王虹译．2050年的理想住宅．中国电影出版社．2004）

1.4.2.6　核心住宅（SOHO）

　　未来社会由于交通和电信的高度发展，工作逐渐转入家庭和邻近工作中心，会出现新的核心住宅，这样可以减少能源需求，还会使各种经济行业的新工作关系和组织形式出现。比如未来核心住宅的形成，会对城市社区产生影响。具体表现在如果人们可以在家里处理部分或全部工作，他们就不必考虑住所与工作地点的远近，也就意味着强迫性的移动会减少，可以帮助人们重新建立社区归属感。一定程度上讲，在家中工作可以增进家人和邻居之间的情感，使得人际关系较为持久，人们能参与更多社区活动。这些从点到线至面的关系，会使未来的生活模式产生巨大的变化（见图 1-44 和图 1-45）。

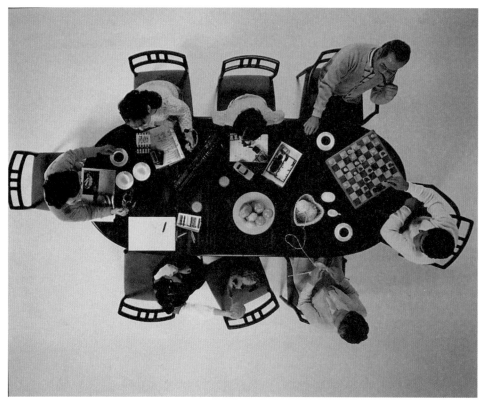

图 1-44　三代同堂的家庭

（图片引自：三泽千代治著．朱元曾、王虹译．2050 年的理想住宅．中国电影出版社．2004）

图 1-45　居民参与社区绿化建设

Unit 2

第 2 单元 别墅设计的基本问题

每一座别墅设计都是一个综合系统的设计，都包含建筑多方面的基本问题，诸如功能、场地、文化、技术、造型等。这些问题都不会发生在妥善设定且符合逻辑的线索上，它们之间是一种动态的关系，是相互联系着存在的。掌握这些问题并协调处理这些关系是别墅设计的主要课题。

2.1　别墅的功能问题

《辞海》中对"功能"的解释："一为事功和能力，二为功效与作用。"功能是建筑艺术区别于其他艺术的首要特征，建筑的价值大部分还是决定于它对功能的满足程度、功能的好坏。就如建筑与雕塑的区别并不在于其形式的差异，一座造型抽象、体量超大的雕塑也不能成为建筑。在建筑设计中，功能性的要求直接反映出在现实生活中的存在价值，直接满足人的某种物质需要。真正的功能是建立在人对建筑的各种需求分析上的，从设计的角度可以把功能细分为实用功能、精神功能和审美功能三种（见图 2-1）。

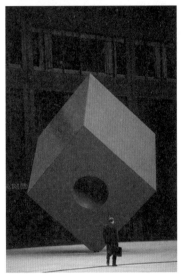

讲求建筑的功能性是 20 世纪现代主义建筑运动的重要观念之一。"功能主义者"认为不仅建筑形式必须反映功能、表现功能，建筑平面布局和空间组合必须以功能为依据，而且所有不同功能的构件也应该分别表现出来。

21 世纪，设计成为消费的时代已来临，建筑功能的含义与内容有了更宽泛的界定与需求：建筑与环境的关系、建筑本身的表现、建筑形式的象征意义等都可被归纳到功能的范围（见图 2-2 和图 2-3）。

图 2-1　雕塑与建筑

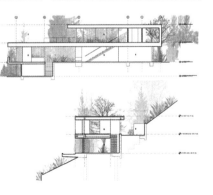

图 2-2　XTEN 事务所设计的开放式住宅

图2-3 美国"前哨"住宅

2.1.1　别墅的功能空间

别墅的平面功能布置范例，如图2-4所示。

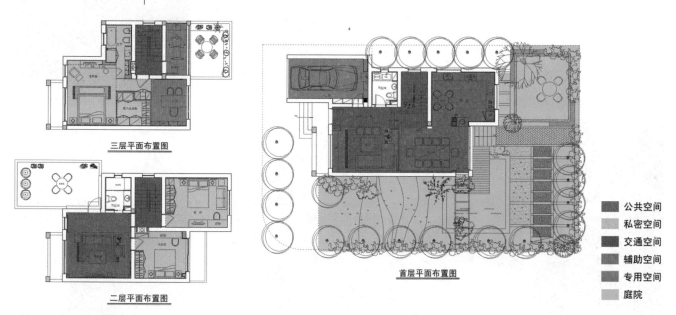

三层平面布置图

二层平面布置图

首层平面布置图

■ 公共空间
■ 私密空间
■ 交通空间
■ 辅助空间
■ 专用空间
□ 庭院

图2-4　平面布置示意

2.1.1.1　公共空间

别墅的公共空间包括客厅、起居室、厨房和餐厅，一般用于对外接待和家庭聚会。这些空间性质较为开放，使用频率高，要求有良好的采光、通风和景观。

客厅是最开敞的公共空间，主要用于家庭活动和对外接待客人的空间，是别墅的核心部分。在布局上常与门厅直接联系，并配以必要的卫生设施，平面布置应满足会客与日常生活等功能。起居室在功能上比较模糊，一般来讲，规模较大的别墅，起居室单独设立，成为家庭成员起居用的半公共空间，有时可以与卧室相连。而别墅规模较小时，起居室就充当客厅的功能。客厅、起居室无论是独立或是合并设置，平面形状宜方整，面积 25～30m² 为宜。

　　餐厅在别墅中，其重要和讲究程度是仅次于客厅的公共空间。一般单独设置，可与客厅、起居室和厨房有直接的联系。餐厅是家庭成员每日聚集最多的地方，因此餐厅是内外活动的结合点。餐厅内各种就餐配套设施应布置合理、便于使用。厨房在功能上属于餐厅的制作与供应部分，与餐厅要直接联系，有时在厨房内可放置便餐桌、吧台，以便家人随时使用。随着生活方式的变化，人们在厨房中烹饪成为了生活中一种乐趣。因此，合理的厨房设计就显得尤为重要了。由于考虑中西饮食习惯不同，厨房布置也应有差异。厨房内部布置要充分考虑排气、排烟等设备的处理，做到干湿、洁污合理分配，内部功能及设备布置应按照烹调顺序设置，避免走动过多。通常，厨房与餐厅设在别墅的首层，以便交通和使用。

2.1.1.2　私密空间

　　别墅的私密空间包括卧室、卫生间等。卧室是家庭休息和睡眠的主要空间，要求有安静的环境，其功能布局应有睡眠、储藏、梳洗及阅读等部分。卧室有主次之分，规模较大的别墅还会细分为客人卧室、儿童卧室、佣人卧室等。

　　主卧室是别墅私密空间中最重要的房间。主卧室要求采光、景观好，位置安静，通常还配备有独立卫生间和更衣室。次卧室应有两间以上，可以使用同一个卫生间。在多层别墅中，卧室往往设在楼上。个别单层的别墅，卧室也要远离公共区域，以保持环境安静。佣人卧室一般应设在厨房、储物间等辅助用房区域，可设单独卫生间，以便工作，又不与主人混杂。

　　别墅中应至少设两间卫生间，分别供公共空间和私密空间使用。卫生间内的设备包括浴缸、淋浴房、马桶、洗脸盆、净身器、化妆镜及储藏部分，根据主次卫生间的标准选用。卫生间中洗浴和厕所尽量做到分开设置，同时也要注意排气设备的布置及干湿的处理。

2.1.1.3　交通空间

　　门厅与楼梯是别墅内部交通的主要部分，其位置、设计是否合理，直接影响别墅内部活动的质量。门厅是从室外进入室内的过渡空间，与客厅有直接的联系，通常是进出别墅存放衣物、鞋类、雨具的地方，因此需要一定的面积。门厅是外来者对别墅的第一印象，因而在设计中要重点考虑。除主入口的门厅外，往往还要设置辅助入口，便于佣人出入和杂务操作，以免干扰和减少污染。

　　楼梯是别墅内联系垂直交通的枢纽，同时又是室内塑造和装饰空间的景观，楼梯对别墅空间序列的展开和表现具有不可替代的作用。与楼梯设计相关的是楼梯的位置和楼梯的形式。楼梯位置一般有两种方式：一种为单独的楼梯间，一种是将楼梯设在客厅或起居室中。

　　在别墅中，楼梯的形式可以是单跑楼梯，或双跑楼梯，或旋转楼梯。不管采用何种形式，都要注意以下几点：①尽量不要占用好朝向；②到达楼上时，楼梯应尽量处于楼层中心部位，以便通往各个房间；③要有足够的尺度和合适的坡度。

　　楼梯由楼梯段（是楼梯的主要使用和承重部分，它由若干个踏步组成，一个楼梯段的踏步数要求最多不超过 18 级，最少不少于 3 级）、平台（指两楼梯段之间的水平板，有楼层平台、中间平台之分）、栏杆扶手（栏杆是楼梯段的安全设施，一般设置在梯段的边缘和平台临空的一边，垂直高度不应低于900mm）三部分组成。

·楼梯尺寸的确定：设计楼梯主要是解决楼梯梯段和平台的设计，而梯段和平台的尺寸与楼梯间的开间、进深和层高有关。

·梯段宽度与平台宽的计算：梯段宽 $B = A - C/2$（A—开间净宽、C—两梯段之间的缝隙宽，考虑消防、安全和施工的要求，$C = 60 \sim 200mm$）平台宽 $D \geqslant B$。

·楼梯踏步的尺寸：$600mm = 2h + W$（W—踏步宽、h—踏步高）且有如下范围，$175mm \geqslant h \geqslant 150mm$，$300 \geqslant W \geqslant 250mm$。

·楼梯踏步的数量的确定：$N = H/h$（H—层高、h—踏步高）。

·梯段长度计算：梯段长度取决于踏步数量。当 N 已知后，对两段等跑的楼梯梯段长 $L = \{N/2 - 1\}\ b$（b—踏步宽）。

·楼梯的净空高度：为保证在这些部位通行或搬运物件时不受影响，其净高在平台处应大于2000mm；在梯段处应大于2200mm（见图2-5）。

2.1.1.4 辅助空间

别墅的辅助空间包括车库、洗衣房、储藏室、锅炉房等。辅助空间可以布置在别墅中条件比较差的位置。车库是别墅必备的辅助空间，可以在基地内单独设置，也可与别墅建筑主体合并设置。车库位置和车库门开口方向应该统筹考虑别墅庭院的人流和车流的动线，通常是在底层、半地下或建筑一侧。车库内车位数一般是单车位，大型别墅或特殊需要可设多车位。车库尺寸，在我国至少采用3.6m×6m为宜，车库内还要能放置备用轮胎、自行车或闲置杂物的空间。车库净高有2.1～2.4m即可，门做成卷帘门或翻板门，车库外要有坡道，内部应有直通室内的小门，与室内的高差做成台阶。坡地别墅如做半地下车库，坡道坡度不宜大于12%。

洗衣房宜设在别墅底层，与佣人房、厨房、车库、储藏室等附近，房内设备有水池、洗衣机、烘干机和熨烫设备等，可以是单独小间，也可与次卫生间、储藏间组合布置。别墅还要有适当面积的储物空间，可以充分利用地下室、楼梯下面、车库边等区域。此外，规模大的别墅还需要设锅炉房，具体要求按设备专业要求予以安排。

2.1.1.5 专用空间

专用空间指根据业主职业特征或业余爱好而配备的用房，包括书房、健身房、阳光室、娱乐室、琴房、画室等。

2.1.1.6 庭院

庭院是别墅区别其他居住建筑的重要指标。别墅的庭院通常包括活动空间、花草园林和道路三部分。活动空间应直接设在起居室和餐厅附近，有足够的硬质铺装供户外活动或进餐。花草园林一般以水池、花架、灌木丛等组合多样的小景观。庭院内的道路以步行道、汀步为主，车行道必须相对独立，以免造成干扰。

庭院作为别墅室内空间的延续，空间功能组织、氛围营造、材质搭配都需要与别墅建筑协调、呼应。因此，一个成功的别墅庭院空间需要对地面、侧界面和顶面进行合适的形态、质材、色彩营造，从而使庭院成为别墅建筑的有机组成部分（见图2-6和图2-7）。

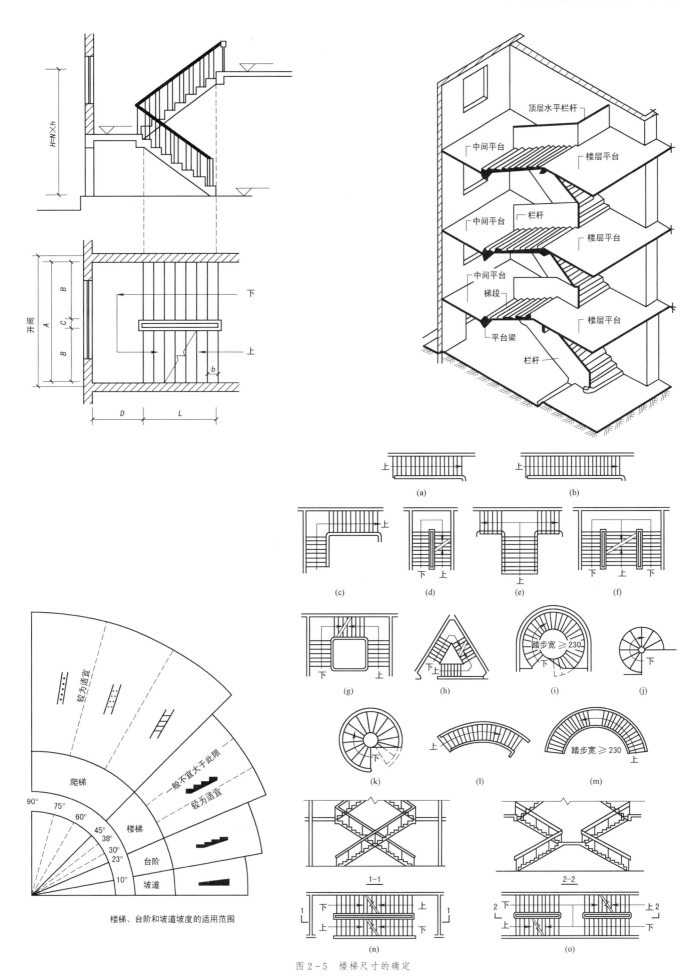

图 2-5　楼梯尺寸的确定

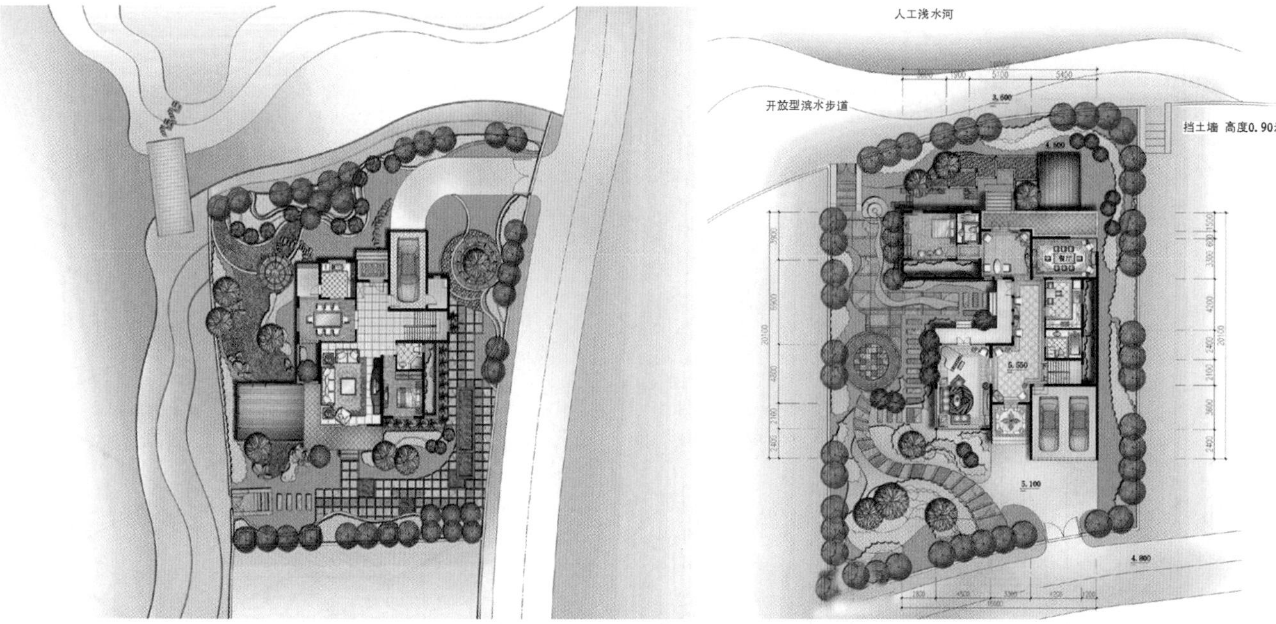

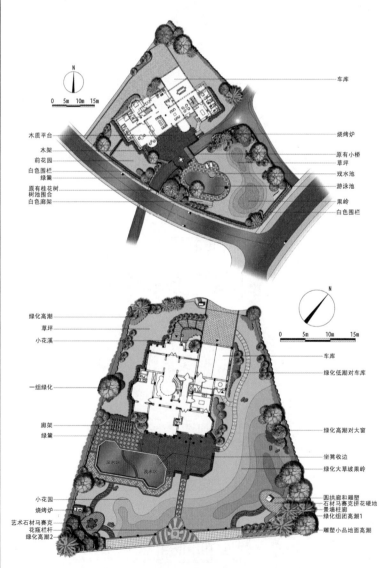

人工浅水河
开放型浅水步道
挡土墙 高度0.90米

图 2－6 独栋别墅庭院设计

N
0 5m 10m 15m
车库
木质平台
木架
前花园
白色围栏
绿篱
原有桂花树
树池围合
白色廊架
烧烤炉
原有小桥
草坪
戏水池
游泳池
果岭
白色围栏
N
0 5m 10m 15m
绿化高潮
草坪
小花溪
一组绿化
廊架
绿篱
小花园
烧烤炉
艺术石材马赛克
花瓶栏杆
绿化高潮2
车库
绿化低潮对车库
绿化高潮对大窗
坐凳收边
绿化大草坡果岭
圆拱廊和雕塑
石材马赛克拼花硬地
景墙柱廊
绿化组团高潮1
雕塑小品地面高潮

图 2－7 上海西郊庄园别墅庭院设计

2.1.2　别墅的功能分析

　　上一小节我们对别墅的基本功能空间作了分析，在这些功能空间中，每一类都是一个"功能元素块"，统领着某些具体的使用功能。

　　别墅的功能需求来之于人的活动，这些活动也有相对的公共与私密、内与外、动与静、主与次以及洁与污等。功能分析就是将别墅的各个功能空间按其面积大小、使用性质和相互关系进行分析比较、归纳分类，从而进行别墅空间有序的编排、组织。对于初学建筑设计的学生来讲，结合使用功能和空间动线绘制出简化的功能分析图，是清晰把握功能需求和空间布局的有效手段（见图 2-8 和图 2-9）。

家庭生活		活动特征						适宜活动空间	
分类	项目	集中	分散	活跃	安静	隐蔽	开放	分类	标准住宅
休息	睡眠		■		■	■		居住部分	卧室
	小憩		■						卧室
	养神				■	■			卧室
	更衣		■			■			更衣室
起居	团聚	■		■			■		起居室
	会客	■		■			■		起居室
	音像	■		■			■		起居室
	娱乐	■		■			■		起居室、庭院
	运动		■	■			■		庭院、阳台
学习	阅读		■		■	■			书房
	工作		■		■	■			书房、杂务室
饮食	进餐	■		■			■	辅助部分	餐厅、起居室
	宴请	■		■			■		餐厅
家务	育儿		■	■					起居室、儿童房
	缝纫		■	■					起居室、杂务室
	炊事		■	■					厨房
	洗晒		■	■					厨、卫、阳台
	修理		■	■					杂务室
	储藏		■	■					储藏室
卫生	洗浴		■	■		■			卫生间
	便溺		■	■		■			卫生间
交通	通行		■	■			■	交通部分	过厅、过道
	出入		■	■			■		过厅、过道

图 2-8　家庭生活活动分析

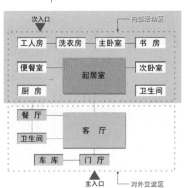

图 2-9　功能分析图

尽管别墅生活常见的功能和空间布局有一定的定式，但不同阶层、不同家庭结构、不同职业对于居住空间会有不同的功能需求。因此，对别墅的各个空间进行功能分区是很有必要的。

2.1.2.1 内外分区

组成别墅的各种房间对内、对外联系的密切程度要求有所不同。别墅内外分区的主要依据是空间使用功能的私密性程度，它一般随活动范围的扩大和成员的增加而减弱。私密性不仅要求声音、视线上的隔离，而且在空间组织上，也要保证尽量减少内、外之间的相互影响与干扰。要求对外联系密切的房间应布置在出入口和交通枢纽附近，而对内联系强的空间应设在比较安静、隐蔽的内部使用区域内。所以，卧室、书房等放在最前，厨房、餐厅等放在其中，客厅、起居室等放在入口附近。

2.1.2.2 动静分区

动静分区就是将有运动、声响发生的所谓"闹"的空间，与要求安静的所谓"静"的空间分隔开来，做到互不干扰。

家庭生活中各种活动有动静之分。如卧室、书房比较静，而客厅、起居室、餐厅、厨房相对是动的。卧室也有相对动静之分，如父母的相对安静，孩子的相对吵闹。

2.1.2.3 主次分区

由于组成别墅各个房间的使用性质不同，居住者对空间的需求不同，空间必然有主次之分。因此，对于客厅、主卧室等别墅的主要房间应在位置、朝向、交通、景观以及空间构图等方面优先考虑，其他次之。

2.1.2.4 洁污分区

家庭生活中各个空间也会有相对的清洁区域与会产生烟、灰、气味、噪声、放射性污染的所谓"污浊"的区域之分，对室内空间进行洁污分区，以满足人们在使用功能和心理上的要求。由于住宅中厨房、卫生间等经常用水，相对较脏，而且管线较多，如能集中布置，将有利于洁污分区。

2.1.2.5 动线组织

人要在建筑空间中活动，物要在建筑空间中运行，人流运动的路线，称之为动线。人在建筑中的运动都有一定的规律，这种规律就决定了建筑各个功能空间的位置和相互关系。动线组织通常是评价建筑平面效率与合理性与否的重要元素。在别墅中至少有两条动线，一条是对外的主要动线，为主人、客人活动的客厅、起居室、餐厅等公共区域；另一条是对外的辅助动线，主要在厨房、洗衣房、车库等辅助区域。两条动线各自形成自己的"流程"，互相也会有结合点。在满足同样功能要求的情况下，动线越短越好，缩短动线意味着空间紧凑，节约建筑面积和方便使用。合理的动线组织应保证各种交通空间通行方便，各种房间联系方便，各种流线之间避免互相交叉干扰，主楼梯位置明确，交通面积集中紧凑（见图2-10）。

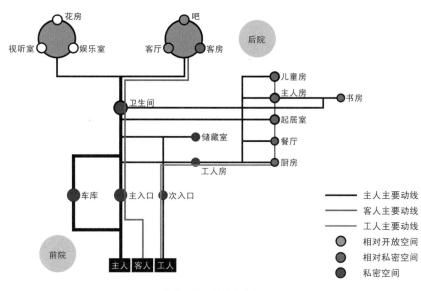

视听室　花房　娱乐室　客厅　吧　客房　后院

儿童房
主人房　书房
卫生间　起居室
储藏室　餐厅
工人房　厨房

车库　主入口　次入口

前院

主人　客人　工人

主人主要动线
客人主要动线
工人主要动线
相对开放空间
相对私密空间
私密空间

图 2-10　动线组织图

2.2　别墅的场地问题

建筑区别于其他艺术最为明显的特征是它的场地性，建筑的存在必须依附于特定的场地。建筑与场地的关系犹如棋子与棋盘的关系，棋子落下后与整个棋局的关系是固定的，如同建筑在场地内是有"场域"一般，并在时间上具有延续性，形成一定的场所感。

挪威建筑理论家诺伯格·舒尔茨认为：场所就是由自然环境和人造环境相结合而形成的有意义的整体。场所精神的形成就是利用建筑物赋予的场所特质，并使这些特质和人产生亲密的关系。

日本建筑师安藤忠雄（Tadao Ando）认为："所谓环境，就是包括历史与场所特征所代表的不可见价值在内的一切关系的总和。"

每块场地都是唯一的，我们对场地特征的阅读可以通过肌理、位置、地表痕迹等要素，也可采集场地内各种诸如树枝、红薯、落叶、泥巴、草垛、柴火等富有肌理感的元素，从中可以获得许多场地的信息：力度、量感、厚度、尺度等（见图 2-11）。

场地对建筑设计的影响主要体现在由场地的地形地貌、形状、坡度等组成

图 2-11　场地特征

的自然环境，场地所处区域的道路、绿化、构筑物等格局的建筑环境，以及场地所处区域的地域文化肌理、民俗风情等构成的人文环境，这些都将对建筑设计产生影响。如美籍华裔建筑大师贝聿铭对苏州博物馆新馆的设计借助形态、色彩、结构、材料、光影、细节和使用情境等多种途径创造出了让人想象的中国文化意象，较好地体现了"中而新、苏而新"的文化特点，建筑景观设计充分考虑了苏州古城的历史风貌，借鉴了苏州古典园林风格，浓缩了许多苏州园林与庭院的影子，使新馆建筑与古城风貌和传统的城市肌理相融合，成为苏州继承与创新、传统与现代完美融合的典范和标志性建筑（见图 2－12）。

图 2－12 苏州博物馆

2.2.1　场地自然环境

场地的自然环境包括用地区域位置、地形地貌、地质与水文（地质构造、地基承载力、抗震、设防等级）、日照风向等。对场地自然环境的分析，有助于确定别墅建筑在场地内的布局和效果，同时也是别墅设计的出发点和依据。

2.2.1.1　地形的表示方法

地形即地球表面三度空间的起伏变化，亦即地表的外观形态。地表的形状或地势的起伏可以通过等高线加以描述。

（1）等高线表示法，最常用的地形平面图表示方法（见图 2－13）。

基本定义：

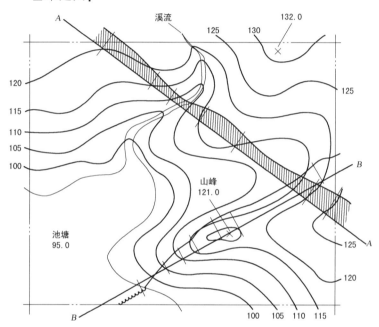

等高线

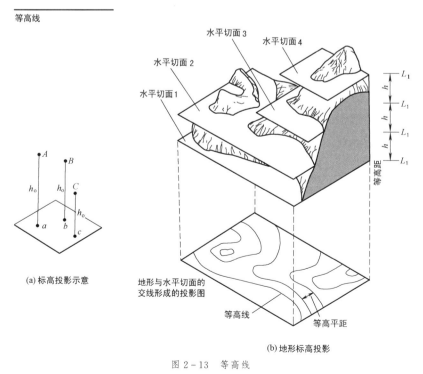

(a) 标高投影示意

地形与水平切面的
交线形成的投影图

(b) 地形标高投影

图 2－13　等高线

1）等高线：是以某个参照水平面为依据，用一系列等距离假想的水平面切割地形后所获得的交线的水平正投影图表示地形的方法。

2）等高距：两相邻等高线切面之间的垂直距离。

3）等高线平距：水平投影图中两相邻等高线之间的垂直距离。

注意：

一般地形图中只用两种等高线，一种是基本等高线，称为首曲线，常用细实线表示；另一种是每隔4根首曲线加粗一根并注上高程的等高线，称为计曲线（见图2-14）。

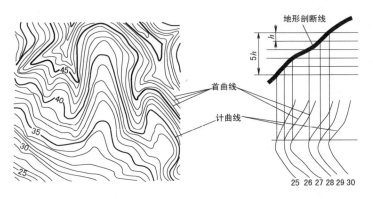

图2-14 等高线表示

（2）高程标注法，用一系列标高点来表示地形的方法（见图2-15）。

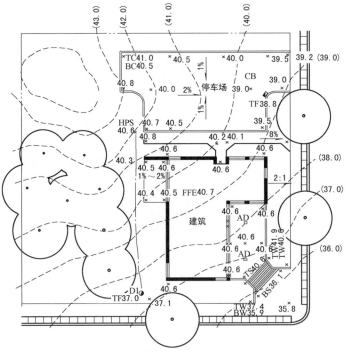

图2-15 高程标注

1）标高点：高于或低于水平参考平面的某单一特定点的高程；在图上用十字或圆点标记；高程常注写到小数点后第二位。

2）标高一般用来描绘的地点高度：建筑物的墙角、顶点、低点、栅栏、台阶顶部和底部以及墙体高端等。

　　3) 标高最常用在地形改造、平面图和其他工程图上，如排水平面图和基底平面图。

　　(3) 坡级法。

　　在地形图上，用坡度等级表示地形陡缓和分布的方法称为坡级法。这种表示方法较直观，便于了解和分析地形，常用在基地现状和坡度分析图中。

　　在确定出不同坡度范围的坡面后，用线条或色彩加以区分，常用的有影线法和单色或复色渲染法（见图 2 - 16）。

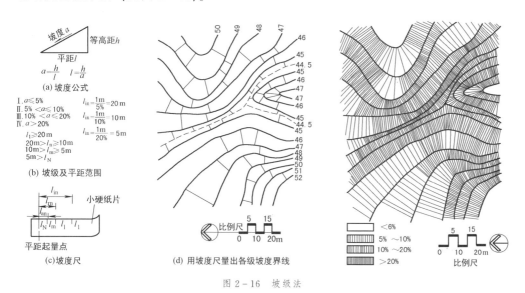

图 2 - 16　坡级法

2.2.1.2　场地地貌景观

　　场地地貌景观包括场地内海景、山景、植被、林木、石头等自然景观，还包括古迹、文物、遗存等人文景观，以及场地内可以成为景观的一切有利条件。特定的场地地貌形状对建筑位置、高度、朝向、与地面的接触方式等产生极大的影响。场地地貌景观分析的主要方法是对场地地形图的仔细分析和标注，以及对现场实地踏勘。在真实环境中的感受是任何书面资料都替代不了的，实地踏勘也是建筑设计必需的过程。对场地的地貌景观分析有利于把握建筑建成后对场地所在环境造成的影响，预见影响的结果（见图 2 - 17 和图 2 - 18）。

图 2 - 17　詹克斯花园"波动的地形"
（图片引自：王向荣、林箐著．西方现代景观设计的理论与实践．中国建筑工业出版社．2002）

图 2 - 18　梯田景观

日本建筑大师安藤忠雄认为"建筑之所以成为建筑，有三点必要：第一是场所，这是建筑存在的条件；第二是纯粹的几何学，这是支撑建筑的骨骼和基体；第三是自然，非原生的自然，而是人工化的自然。"

如其设计的小筱邸及扩建工程，是由一组平行布置的混凝土矩形体块和平面为1/4圆弧墙所构成，建筑物一半埋于一片绿色茵茵的斜坡地下，避开了基地上原有的树木，建筑虽然是独立的，但却遵循着自然的环境条件（见图2-19）。

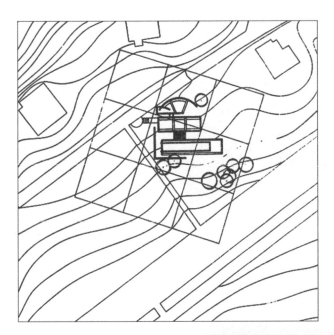
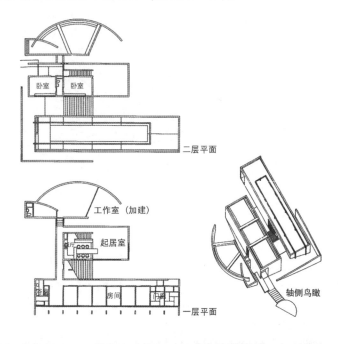

图2-19 小筱住宅及扩建

2.2.1.3　场地坡度

　　很少有场地是百分之百平坦的，场地都或大或小的有一定坡度。对于小于 3% 的坡度，可以大致按照平地的处理方式来设计建筑。然而在许多郊外的场地，其坡度往往较大，有的甚至达到 45°，这样建筑设计就要对地形做出回应。

　　典型的例子是安藤忠雄设计的位于神户六甲山集合住宅，此场地坡度达到 60°，安藤因地制宜，在不规则的地形中导入均质框架，并采用 5.8m × 4.8m 的建筑单元，剖面顺着山势而设计，各单元在斜坡上组合在一起形成阶梯状，每个单元都有开阔的视野，建筑物之间的空隙设计了上下交通的阶梯，建筑网格框架间的错位和间隙，恰好赋予各种户型以丰富的空间组成。这个案例不仅是建筑技术的突破，更重要的是安藤忠雄就势处理使建筑与环境达到融合，是对环境的尊重的可持续设计（见图 2 - 20）。

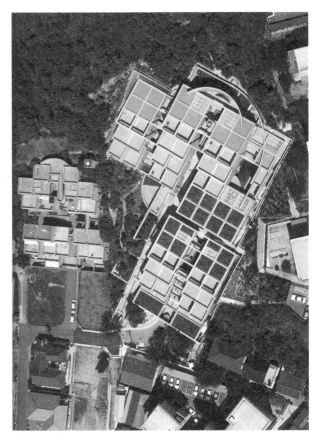

图 2 - 20　六甲山集合住宅

再如张永和设计的北京怀柔"山语间"别墅，建筑顺梯田山势的单坡屋顶在概念上形成与被改造为梯田的山坡的呼应，除挡土墙外采用了玻璃开窗围合，强调与窗外环境的融合，做到建筑与环境的和谐统一（见图2-21）。

图2-21　张永和设计的北京怀柔"山语间"别墅

2.2.1.4　场地形状

除了在自然环境中场地形状比较多变，处于城市中心区的基地，因周围被建筑所界定，场地形状有时也会是三角形、六边形等特殊几何形式的复杂形状。在设计中，可以此形状作为建筑平面布局的母题来设计独具特色的建筑空间来。如贝聿铭设计的美国国家美术馆东馆，其基地是一块直角梯形状，建筑构图时贝聿铭在梯形内画了条对角线，形成两个大小不一的三角形，大一点的等腰三角形作为艺术馆，小一点的直边三角形用做研究中心。这样，大三角形的底边成了宽敞的带立柱与过梁的入口，与老的国家美术馆入口相对应，中间相隔一个庭院，地底下连成一片，新老美术馆的入口处于同一条中轴线上（见图2-22）。

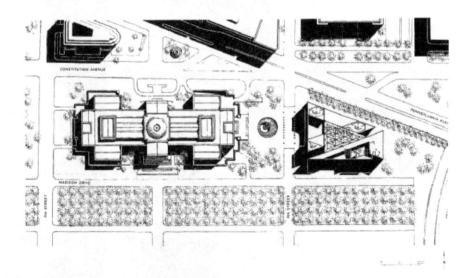

图2-22　美国国家美术馆东馆

2.2.1.5　日照与通风

在建筑设计中，日照与通风是很重要的自然因素。日照直接影响着别墅的采光和朝向设计，以及各个功能空间的布局。通常在我国，别墅的生活起居空间需要比较充足的日照，应尽量满足这些空间处在南向以及东南或西南方向。对于建筑本身而言，有建筑的高度、进深、长度、外形和迎风方位。别墅设计要考虑良好的自然通风，尤其在丘陵和山区，除考虑住宅布置与主导风向的关系外，还应重视因地形变化而产生的地方风对住宅建筑防寒、保温或自然通风的影响。根据日照与通风分析，决定建筑趋光与遮阳的策略，确定建筑的朝向与房间布局。合理的住宅朝向是保证住宅获得日照并满足日照标准的前提。合理处理好建筑的日照与通风，对形成场地小气候有着重要的作用（见图 2-23 和图 2-24）。

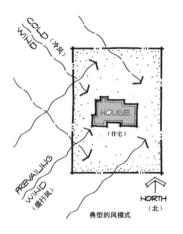
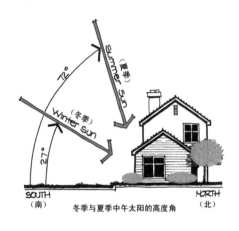
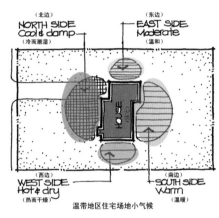

图 2-23　风模式　　　　　　　　　　　　　　　　图 2-24　小气候

目前，国家规定居室要保证每天有 1 小时的 1.5m 进深的日照（以整个住宅为单位计算的）要求。日照面积／居室面积＝1/7。采光与日照是两个指标，采光是进光量，日照是太阳直射进居室的面积。

2.2.2　场地人工环境

2.2.2.1　建筑与交通组织

对场地的交通组织进行分析，可以具体把握基地周围和基地内部的人、车运动的速度、路线和方式，对建筑出入口、车库位置、停车方式和建筑形体主要表现方位的选择，具有非常重要的作用。

交通组织分动态、静态两个方面，动态交通是组织好进出人与车辆的运行，做好内部场地与城市道路之间的动态运行路线分析，确定人与车从基地外到达基地内部的最佳通达方式。一般别墅基地入口不宜设在车速快、交通流量大的城市道路上，当用地周围有两个以上方向均有车行道时，出入口应尽量选择设在次干道上。同时，还要设计好基地内人的步行路线，车辆进入车库的方式、转弯半径、道路宽度等，还需要注意入口与车库的相对位置越直接越好，车库入口与人行入口最好放在一个朝向上。静态交通指停车设施，要考虑地上、地下各种车辆的停泊。停车场内机动车的停靠方式一般有平行式停车、垂直式停车、斜列式停车等（见图 2-25）。

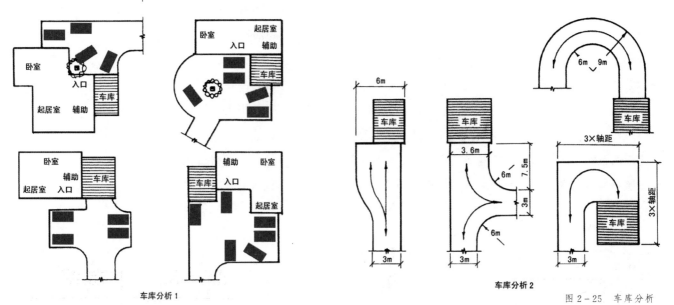

车库分析1

车库分析2

图 2-25 车库分析

（图片引自：邹颖、卞洪滨编著.别墅建筑设计.中国建筑工业出版社.2000）

2.2.2.2 建筑与竖向设计

竖向设计是建筑结合地形条件，合理安排场地内各段的设计高程，进行竖向布置。一般平坦的建筑场地应保证不小于 3‰ 的自然排水坡度，而起伏较大的场地特别要注意错层后地面各层出入口与地面高程的关系。

（1）选择场地平整方式和地面连接形式——平坡式、台阶式和混合式。

不同高程地面的分隔可采用一级或多级组合的挡土墙、护坡、自然土坡等形式，交通联系以台阶、坡道、架空廊等形式解决。同时，必须考虑尽量减少土石方工程量。

（2）确定场地地坪、道路及建筑标高。

确定设计标高，必须根据场地的地质条件，结合建筑的错层等使用要求和基础情况，并考虑道路、管线的铺设技术要求，以及地面排水的要求等因素。同时，也要本着尽量减少土石方的原则进行。

（3）拟定场地排水方案。

应根据场地的地形特点划分场地的分水线和汇水区域，合理设置场地的排水设施，作出场地的排水组织方案。

（4）土石方平衡。

计算场地的挖方和填方量，使挖、填方量接近平衡，且土石方工程总量达到最小。

2.2.2.3 建筑与植被

植物在地球物质和能量循环中扮演着非常重要的角色。在光合作用过程中，植物不仅产生游离氧补充空气，植物也以其他形式改善气候，调节气温，过滤尘埃，减低风速，增加空气温度，形成局部小环境。建筑设计中植被的应用成功与否在于能否将植物的非视觉功能（指改善气候、保护物种的功能）和视觉功能（指审美上的功能，装饰基地和构筑物）统一起来。

　　我们在别墅设计课程内不能具体阐述植物配植的内容，但至少应对植被的生态效应和美学功能有所考虑。通过确定基地上树种选择、色彩搭配和布置方式，与建筑布局、场地内构筑物布置，以形成良好的小气候（见图 2 - 26～图 2 - 28）。

（午后的太阳）

（清晨的太阳）

较高灌木在西墙上投影

葡萄藤为砖墙遮阴

当太阳高度较低时，高一些的灌木和葡萄可以为东侧和西侧遮阳

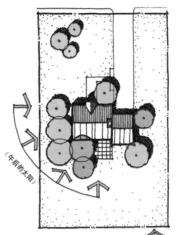

（午后的太阳）

NORTH

为了最大限度利用遮阴树，她们应该定位在住宅或室外空间的西南边

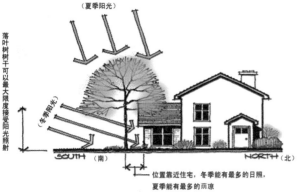

（夏季阳光）

落叶树树干可以最大限度接受阳光照射

（冬季阳光）

SOUTH（南）　　NORTH（北）

位置靠近住宅，冬季能有最多的日照，夏季能有最多的荫凉

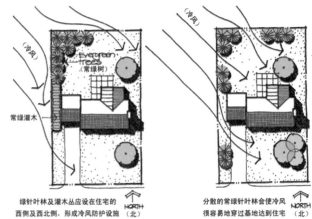

（冷风）

（冷风）

evergreen trees（常绿树）

常绿灌木

绿针叶林及灌木丛应在住宅的西侧及西北侧，形成冷风防护设施

NORTH（北）

分散的常绿针叶林会使冷风很容易地穿过基地达到住宅

NORTH（北）

图 2 - 26　利用植物进行遮阳和挡风

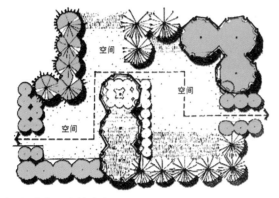

空间

空间

空间

植物以建筑方式构成和连接空间序列

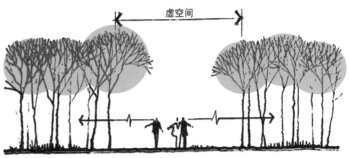

虚空间

树干阵列构成空间的边缘

图 2 - 27　植被对于空间的作用—构成空间—垂直

（图片引自：（美）诺曼 K. 布思著. 曹礼昆、曹德鲲译. 风景园林设计要素. 中国林业出版社 .1989）

顶平面

树冠的底部构成顶平面空间

图 2 - 28　绿化营造的小气候

（图片引自：三泽千代治著．朱元曾、王虹译．2050 年的理想住宅．中国电影出版社．2004）

2.2.3　场地人文环境

对建筑场地问题的关注，不仅要重视地形、地貌、道路、设施等自然、人工环境因素，还要重视所处区域环境的文化与精神作用。场地的人文环境会反映于居住者的生活方式，同时不同人文环境会造就不同的建筑空间布局、建筑形态与风格。所以，对于场地人文环境的了解，发掘地域文化的潜在价值，通过相应的设计应对策略，使建筑更加合乎使用需求和精神需求，使建筑与环境建立起关系，从而有利于建筑设计的地域性特征的形成，这也是一个创造场所的过程（见图 2 - 29）。

图 2 - 29　各类特色的地域民居

2.3　别墅的文化问题

　　文化的解释是多样的，与建筑设计相关的一种解释是：文化即是不同生活方式的体现。因此，(地域) 文化是决定建筑形式的一个重要因素，什么样的文化产生什么样的建筑形式 (见图2 - 30和图 2 - 31)。

图 2 - 30　北京四合院

图 2-31 上海石库门

随着社会经济、文化的发展，住宅已不再是简单的居住空间了，而成为一种新型的住宅文化。别墅的文化性包括别墅所处地域的文化取向、建筑文脉和风格特征等。别墅的文化取向表达了建筑在精神层面的需求。在别墅设计中，特定的建筑文化特性能够对生活在其中的人产生潜移默化的影响，烙印着文化取向和价值观念的居住者的生活方式也极大地影响着别墅设计的最终形式。比如日本和风建筑的产生是由于日本地狭人稠，其住家空间狭小的原因。而这样的空间尺度，不仅影响了日本人的日常行为，也影响其意识与器具形式，并由此制定出了榻榻米空间。从在室内的坐姿、脱鞋到被褥、折扇、屏风等器物的存放都有着独特的行为——折叠，都被视作缩小导向的折叠意识，同时还蕴藏着日本人"缩小型宇宙"的意念。这一些在建筑内的日常起居不仅传承了传统文化的特性，也提供了日本独特的设计观和美学观，反映出日本特性不仅顺应自然，也尊重人性的自然韵律（见图 2-32）。

图 2-32 日本和风建筑

（图片引自：三泽千代治著.朱元曾、王虹译.2050 年的理想住宅.中国电影出版社.2004）

当前，国内住宅建设中，对于"欧陆风"的热捧，对于地域文化基因的忽视，俨然成为整个市场的通病。建筑的存续可能是短暂的，而文化的传承则是久远的。诚如王受之在品评深圳万科·第五园地产项目时，呼吁重视中国传统民居作为文化资源的价值，是因为这些民居的设计理念中体现了人性化的精神和人文化的品位。他列举园林住宅与家庭的关系，家居与庭院密不可分，无"庭"何为家；园林住宅的造景拟物，正是要以小见大，达到物我合一的生存境界。万科·第五园依寻"岭南四园"的思路，力图探索一种新型的符合现代生活模式的中国式现代住宅和园林结合的住宅项目。在横的方面，万科·第五园秉承了现代住宅的功能要求，显宽敞明亮于起伏之间；在纵的方面，万科·第五园又秉承了中国传统园林建筑的理念于变化之中，可谓住宅设计的上乘之作（见图 2 - 33）。

图 2 - 33　万科第五园

　　再如位于广州市番禺区南村镇的广州清华坊住宅群项目，清华坊之名典出晋诗："寒裳顺兰止，水木湛清华。"则是表明了项目与传统文化的传承关系。广州清华坊采用中国民居形式，每套宅院均有前庭、天井和后院，将大量的绿化和环境布置融入宅院本身，使每户拥有一片自己的绿化空间。宅院建筑、围墙、门坊、街景将完全从民居中提取元素，辅以现代建筑材料，使整个院区既富有深厚的文化底蕴和清晰的历史文脉，又不失现代感和舒适感。使居住者不仅享受到中国传统建筑的种种物质功能和感受到传统文化的润泽，而且还领略着现代建筑给予的种种时尚生活方式和内容（见图 2 - 34）。

图 2 - 34　广州清华坊

2.4 别墅的造型问题

建筑的本质是一种以形式与空间为造型媒介的造型活动。建筑造型作为视觉感知的对象，承载着沟通传者与受众之间的媒介作用。所以，在建筑造型的创作中，要求设计师在追求建筑造型本身的同时，还要不断地发掘空间造型中所蕴含着的语意潜力，充分发挥建筑环境的设计表达（见图2-35和图2-36）。

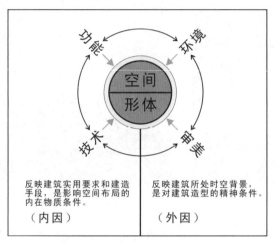

图2-35 影响建筑造型要素

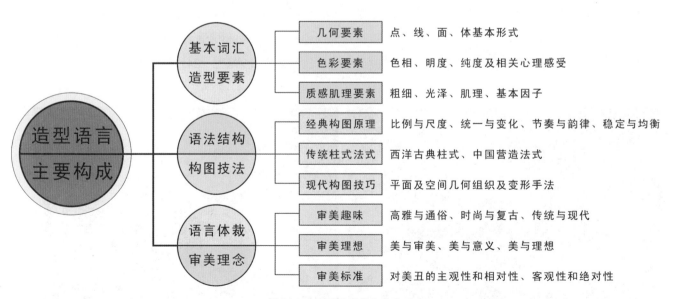

图2-36 建筑造型语言构成

　　优秀的建筑造型不仅来自巧妙的设计立意和构思，也来自合理的设计技法与良好的审美理念。如由都市实践设计的低收入公寓，以福建土楼为原型的新型廉租公寓楼，是一种独特的建筑形式，以集合住宅的方式将居住、储藏、商店、集市、祭祀、娱乐等功能集中于一个建筑体量，具有巨大的凝聚力（见图 2 - 37）。我们在课程中重点强调对建筑造型的推敲，通过对造型语言的拓展与锤炼，不断地发掘建筑造型语言本身的语意潜力。同时，根据形式美的法则对空间形态、色彩、结构、材料等设计元素进行挑选、变换、组合，来塑造别墅建筑造型。

图 2 - 37　都市实践在广州的低收入公寓住宅

2.4.1　造型语言的特性

2.4.1.1　形态设计

　　形态一般指事物在一定条件下的表现形式，是事物自身内因（诸如物理性质、化学性质、生物性质等）而产生的一种外在结果，具有空间和时间的概念和特征。"形"是指在一定视觉角度、时间、环境条件中体现出的轮廓尺度和形状特征，是物体客观、具体和理性、静态的物质存在。"态"即事物的内在发展方向与伸展趋势，具有较强的时间感和非稳定性，并富有个性、生命力和精神意义。"形"与"态"密不可分，形态是造型设计最为核心的要素。形态是建筑设计最基本的空间特征，形态的创造结合了设计者在基本功能要求理解下的艺术趣味和审美理解，基于功能与结构、尺度比例、材料选择、表面处理的整体处理（见图 2-38～图 2-40）。

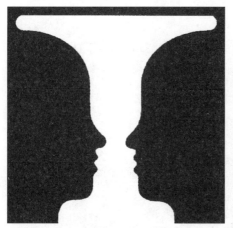

图 2-38 鲁宾杯

图 2-39 图底反转

在我们生活的环境中，充满了各种各样的事物，每个事物各具形态，因而形态可以说是千姿百态、包罗万象。然而在这林林总总的不同形态中，我们总可以发现某些形态具有一些共同的特征，基于这些共同的特征，可以将形态进行分类。总的来说，可以分为具象形态（现实形态）和抽象形态（概念形态）。前者泛指自然界中实际存在的各

图 2-40 庭院铺植

种形态，是人们可以直接知觉的，看得见摸得着的，如自然山水、动植物、器物等。后者是人们不能直接知觉的，只存在于人们的观念之中，依靠人们的思维才能被感知。由于概念形态是抽象的、非现实的，因此常常以形象化的几何图形（圆、方、三角等）、文字或符号来表示。具象形态按照其形成的原因，又可以分为自然形态和人造形态两类。自然形态种类繁多、异彩纷呈，包括有生命力的有机形态和无生命力的无机形态。有机形态在建筑设计上的运用，表现为具有雕塑感和可塑性的建筑，又称为"有机建筑"或"表现主义建筑"。赖特提出有机主义建筑理论，有机建筑根植于对生活和自然形态的感情之中，从自然界和其多种多样的生物形式与过程的生命力中汲取营养。建筑形态的创造可以是抽象形态的变化，也可以是自然形态的模拟，更可以是对日常形态的再思考（见图 2-41～图 2-45）。

图 2-41 意大利皮具生产商 Tods 的旗舰店

图 2-42 杭州大厦 LV 专卖店

图 2-43 广东博物馆

图 2-44 台湾豆荚房

图 2-45 仿生建筑

2.4.1.2　色彩表达

　　有光才有色，色彩的传达离不开光线。太阳光将变化的天空色彩、云层和气候传送至它所照亮的表面和形体上。光线照亮了建筑的形体和内部空间，由阳光产生光影变化，使空间气氛活跃，明确地表达了空间的精神意境。因此，光线是塑造空间的必要因素（见图2-46）。

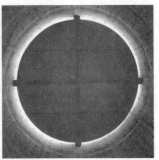

图2-46　光色与空间

　　色彩是在光照作用下显示出的一种物理属性，是最具表现空间张力的视觉语言，也是人们感知设计对象的重要条件，往往比形态更具直观性和生动性。色彩不仅是建筑空间表层构造的延续和补充，也是调节和营造空间节奏和心理感受的重要元素。色彩在建筑设计中的特征表达，代表了一种选择、一种趋势、一种走向，是社会发展的象征事物，是时代特征的典型反映，更可以成为设计者独特的设计语言。如墨西哥建筑大师路易斯·巴拉干对各种浓烈鲜艳的色彩运用成为其在建筑设计中鲜明的个人特色，后来还成为墨西哥建筑的重要设计元素。在巴拉干游历欧洲的时候曾深深地被摩洛哥那种独特的地中海式气候下浓烈的色彩风格所打动。他发现这里的气候与风景是那么的和谐。在回到墨西哥之后他便开始关注墨西哥民居中绚烂的色彩，并将其运用到了自己的众多作品当中（见图 2 - 47）。

图 2 - 47　巴拉干作品中浓烈色彩的运用

建筑造型设计的色彩虽然以色彩学的光学原理为基础，但不同于绘画的光色理论，而更强调的是色彩配置的心理学意义。色彩本身的色相、明度和纯度决定了色彩特性，如红色的火热、粉红的温馨、浅黄的柔和、白色的纯净、蓝色的寂静等。不同的色彩由于自身多变的物质属性而具有不同的性格特征，来实现不同情感意义的表达（见图 2 - 48）。建筑空间的色彩表达除本身必须和谐统一外，还必须和建筑空间的性格相一致。同时，色彩必然在一定程度上要受到建筑材料、地域文化等条件的限制和影响。不同地域由于不同的自然环境、历史习俗而形成了各自关于色彩系统的一些固有观念，体现各个民族各自不同的色彩审美倾向。比如，在中国，黄色是帝王的颜色，红色是喜庆的颜色，白色是丧葬的颜色。而这些色彩语言放到西方又是另一番释义，如黄色是凶暴的表现，白色则是纯洁的象征，红色则是激情的代言词。

色彩	性　　格
红	最容易引起人的注意，有着兴奋、激动、紧张的特点，同时非常强烈、热情，给人视觉以迫切感和扩展感，属于前进色
橙	是非常明亮、华丽、健康，又容易动人的色彩，在所有色彩中属于最暖色
黄	给人轻松、愉快、辉煌、灿烂、亲切、柔和的印象，是最明亮色
绿	有着平静、和平、丰饶、充实的性格特点，是希望色
蓝	让人感到凉爽、湿润、坚固，表现出崇高、深远、纯洁、透明、智慧的精神领域
紫	给人高贵、优越、奢华、幽雅、迟钝的感觉，同时容易给人造成心理上忧郁、痛苦、不安的感觉
白	明亮、干净、卫生、朴素，白色比任何颜色都清净、纯洁，但同时会给人虚无、凄凉之感
黑	理论上黑色即无光，是无色之色，具有积极与消极两种特征，根据具体情况表现各自性格倾向
灰	居于黑白之间，属于中等明度

图 2 - 48　色彩的性格

在建筑设计中，往往要针对性地选择色彩配置来表达建筑特征，因此，一定对比条件下的色彩视觉经验对具体设计时有着一定的参考之用：

（1）色彩的冷暖感。

红、橙、黄等暖色调代表太阳、火焰、热情；青、蓝、紫等冷色调代表大海、晴空；绿、紫等中性色代表不冷不热；无色系中黑色代表冷、白色代表暖。

（2）色彩的进退感。色彩冷暖具有一定的进退感，对比强、高明度、高纯度、暖色调使人感到靠近和向前，反之则使人感觉退远和向后。

（3）色彩的轻重感。色彩的轻重感对建筑造型设计也具有重要的意义，一般人的心理都有默认的稳定原则，即上轻下重。色彩明度、纯度越高（即浅色）则使人感觉越轻。

（4）色彩的积极与消极。色彩划分为积极的（或主动的）色彩（如黄、橙黄、红等）和消极的（或被动的）色彩（如青、蓝、红蓝、紫等）。主动的色彩能够产生一种积极的、有生命力的和努力进取的态度，而被动的色彩则适合表现那种不安的、柔和的和向往的情绪。

（5）色彩的兴奋与沉静。红橙黄等暖色调、高明度、高纯度、对比强的色彩使人感觉兴奋，青蓝紫冷色调、低明度、低纯度、对比弱的色彩使人感觉沉静。

（6）色彩的大小感。暖色调、高明度、高纯度的色彩使空间看起来有扩大或缩小之感，反之有缩小之感。

2.4.1.3 材质选择

材质是建筑造型语言的另一重要表现性要素，是建筑特征传达中的重要一环。在建筑造型设计中，不同材质有着不同的物质特性与表现力（见图 2-49）。材质表达通常是体现建筑形体与空间品质的最直接手法。如密斯的巴塞罗那博览会德国馆设

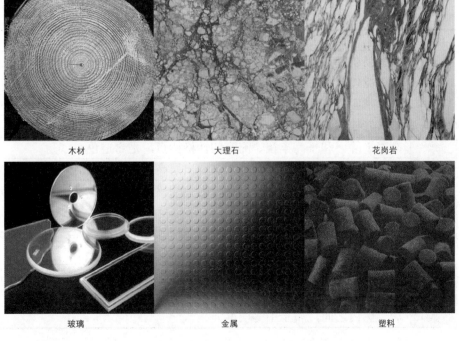

| 木材 | 大理石 | 花岗岩 |
| 玻璃 | 金属 | 塑料 |

图 2-49　设计材料

计，通过不锈钢十字柱、喷白混凝土屋顶、深色大理石墙和通透玻璃隔断等不同材质
与空间界面结合，表现出了空间的围分、限定与通透，从而构建了一个独具特色的建
筑空间形式（见图 2-50）。

图 2-50　巴塞罗那博览会德国馆

（1）材料的物理性。

材料表面的色泽、质地、肌理是材料的三要素（见图 2-51）。

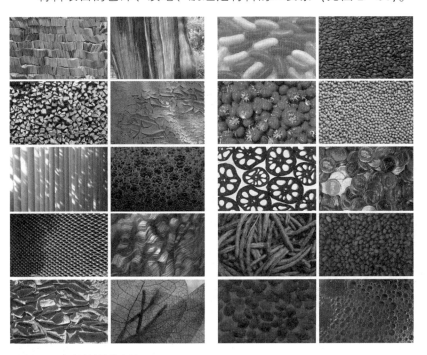

图 2-51　不同材料的色泽

色泽：一方面自然界中物体本身具有各种各样的固有颜色，另一方面物质表面的
物理性也会影响到色泽，如密度高的亮一些，密度低的暗一些。在建筑设计中选用材
质时，物体的固有色是一个很重要的原因，是形成色彩组合的重要基础，同时也要考
虑色彩的搭配——色相的对比、冷暖的对比、补色的对比、邻近色的对比、色域面积
大小的对比。

质地：是指材料本身表现出来的不同表面的特征，如钢的坚硬、玻璃的光滑、织
物的柔软，质地反映到人的体验上有触觉（可触及部分）和视觉（非触及部分）。对
可触及部分，要充分考虑人体的舒适度，非触及部分可不用考虑人的舒适度，但对于
视觉的张力、表情是很重要的。

肌理：是材料表皮形成各种走势的纹样。包括天然肌理、人工肌理的综合处理。
自然界的表皮有各种各样的，有点状的，有线状的，有条状的，有块状的，有规则

状，有不规则状。肌理按排列方式不同，分为规则肌理和不规则肌理；按知觉方式不同，分为触觉肌理和视觉肌理。

（2）材料的知觉性。

材料的知觉性在建筑造型设计中主要指触觉和视觉上的感受，常以材料的粗糙、细腻、软硬、干湿等不同质感来引起的人的心理反映。相同材料因表面处理不同，给人的视觉感受会不同。相反，不同材料经过表面处理却可能认为很相像。比如，把玉石磨光后，呈现微透明状，表面洁白、圆润如"凝脂"，看上去如温柔的肌肤，但实则玉石是一种硬石，手的触感又冷又硬。这种现象是以人的心理反映脱离了材料的物理性质而得到的效果。

（3）材料的表现力。

材料被设计师进行特殊处理后，就超越了物质层面的意义，而变成一种有着独特文化背景的美学符号展示。建筑造型设计应尽量选择与城市自然环境协调的"地域"材料。在不同自然环境、不同地域、不同历史背景下设计创造中材料的选择和使用，必然也凝结了特定的历史、文化特征和社会意识（见图 2 - 52）。

图 2 - 52 材料的表现

2.4.1.4 技术运用

科技进步是一切社会变迁的原动力，科学技术的每一次重大突破，总能带来建筑技术的新发展。随着高新技术的发展，不仅带来建筑技术和建筑材料的变革机会，而且带来了建筑审美的改变，充分表现了现代技术的强大创造力。对技术风格正确的理解已形成 21 世纪建筑发展的一个特色。

从根本上说，建筑技术总是从十分具体的地方条件发展而来的，一定的建筑技术首先满足产生这个技术的地方的需求。如意大利建筑师伦佐·皮亚诺设计的特吉芭欧文化中心位于澳大利亚东侧的南太平洋热带岛国新卡里多尼亚，气候炎热，常年多风。因此，设计最大限度地利用自然通风来降温、降湿，便成为适应当地气候、注重生态环境的核心技术。设计师运用木材与不锈钢组合的结构形式继承了当地的传统民居——棚屋的特色。贝壳状的棚屋背向夏季主导风向，在下风向处产生强大的吸力（形成负压区），而在棚屋百叶面开口处形成正压，从而使建筑内部产生空气流动。针对不同风速和风向，设计师通过调节百叶的开合和不同方向上百叶的配合来控制室内气流，从而实现完全被动式的自然通风，达到节约能源减少污染的目的（见图 2-53）。而技术从一处转移到另一处也必须有一定的社会、经济、文化和环境等方面的条件才能合理加以运用。具有地域性特征的建筑形象，其技术特征首先表现为充分的地域性，有些技术虽然适用于一定地方，但并不一定适合于其他地方，例如我国北方的窑洞只适用于北方黄土高原的地域特征，同样南方湿热地区的"吊脚楼"也只是南方建筑的特产。再如我国福建一带的客家土楼就是在特定地域环境（气候干热）、特定生活背景（防御外敌）下用特定技术（生土建筑）产生的地域性住宅建筑模式（见图 2-54）。

图 2-53　新喀里多尼亚特吉巴欧文化中心　　　　　　　　　　　　　　　　图 2-54　福建土楼

2.4.2　造型语言的编码与解码

造型语言的编码与解码是从设计方法学的角度，对物体的形态、色彩、材料、技术等构成要素及其生成原理进行提炼、抽象而形成的形式化描述方法。本文中"造型语言"一词是针对建筑形象而言，是一种设计思路、设计方法的提出。每一幢建筑的造型语言，都应表达此建筑的地域特征、设计构思和产生这个建筑的时代背景，传达一定的功能、社会和文化的信息。建筑造型语言是一门主要涉及视觉艺术的语言，建筑形象的最终实现离不开人的感知。因此，通过视觉形式来进行解读是最行之有效的方式。

2.4.2.1　编码

从传播学（传播学是研究人类一切传播行为和传播过程发生、发展的规律，以及传播与人和社会的关系的学问）上看，编码是在发送端将信息转换为可以发送的信号的过程。设计编码，则是具体指将源概念信息按照特定规则转换为一种特定的设计符号，并能够在后面被还原。反映在建筑造型设计上，设计编码的途径可以分为图像、指示、象征三种。

（1）图像的编码。

图像编码途径，往往通过"形象相似"的形式间关系来达到，即模仿或图拟存在的事实，借用原已具有意义的事物来直观表达设计的意义。这种方式最简单，建筑形象特点鲜明，表现力较强。图像编码既可体现在三维的形体上，也包括二维图像（图画图形、影像图形、感觉图形、知觉图形、元素图形），既可以是具象的形象再现，也可以是抽象的形象概括（见图 2–55～图 2–60）。

图 2–55　福建长乐县下沙海滨度假村——海螺

图 2–56　加利福尼亚的沙漠住宅——蘑菇

图 2–57　印度大同教莲花教堂——莲花

图 2-58　四川自贡彩灯博物馆——彩灯

图 2-59　河南博物院——元代观星台

图 2-60　中国江南水乡博物馆——玉踪

　　建筑造型设计实际上是一个"意""象"共生的过程，即根据内容创造形态，通过形态传达内容。按照法国著名结构主义美学家和符号家罗兰·巴特《符号学原理》中解释，符号具有能指与所指的属性，建筑造型具有符号的特性，即有视觉特征的"能指"和语义特征的"所指"。视觉特征主要是可以被视知觉直接获得的直观意义的建筑大小、形状、色彩、质材特征，是建筑外在形象的客观体现。语义特征主要是受众根据个人体验对建筑造型及功能的一种抽象的理解和概括，是建筑形象的内容。中国传统哲学思想中的"道器观"很好地解释了"形态"的实质。《易经·系辞上》说

图2-61 华侨大学承露泉

"形而上者谓之道，形而下者谓之器"，意为形而上的东西是哲学方法、思维活动。形而下的东西是可以触摸的器物，形态本身即是"器"。设计者对建筑空间进行造型设计，就是一种设计语言的文法编码过程。如彭一刚教授在华侨大学40周年校庆工程——承露泉的创作构思中，以"雨露滋润禾苗壮"的词句，以及史书记载的汉武帝在建章宫作承露盘以承接甘露的故事，作出了承露泉的设计。这一工程由三层结构的水景"雕塑"构成：上部为一巨大的方形"漏斗"，寓意"承露盘"，起到"聚"的作用，有"聚莘莘学子于五湖四海"之意；由此向下，经由一个圆形吊盘把水泻到中层，在分别由东、南、西、北四个水口泻到水池的底层，这里既有"育创新人才惠四面八方"的象征意义，又暗示出华侨大学40周年的历史（见图2-61）。

（2）指示的编码。

指示编码途径，则是利用了符号形式与所要表达意义之间存在的"必然性或关联性"，来表达设计语言的意义。这种联系可以是时间或空间上的联系，往往通过形态、色彩或二维图形等来表现时间、空间上邻近与直接关联。如建筑造型上的纹样、肌理、传达诗意和文化的文字、符号化和商业化的文字等都是常见的指示编码的范例。另外，色彩的情感表现在很大程度上是靠人的联想而得到的，往往与现实之中显示色彩的物体的形态表情相吻合，且具有一种普遍的适应性（见图2-62～图2-64）。

图2-62 中国美院象山校区

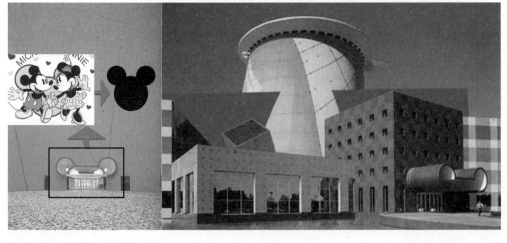

图2-63 日本建筑师矶崎新设计的美国迪斯尼集团总部

(3) 象征的编码。

象征是指用以代表、体现、表示某种事物的一种物体或符号，是一种隐藏在符号背后的语义。象征的表意作用是通过人的视知觉功能来实现的，不同的人由于知识和经验构成不同，会对相同的事物产生迥然不同的联想和感受。在中国传统文化中，很多形态成为某些特定文化观念、情感的载体，有的甚至代替了形象本身，如月亮的形态作为一种符号表达着中国人特有的思乡情感世界。建筑造型的形态是审美的创造，形态的符号性表现在它的外观所带来的视觉美感和内在的积淀了社会、

图 2-64　亚历山大图书馆

历史文化的内容中，也是每个特定民族的人们审美心理、视觉感受倾向、文化习惯的产物。同时，每个形态在特定的文化背景下都有特定的象征意义，通过某种形态常使人产生历史或文化的概念。形态的有机化或几何化的处理，都被加上特定的含义，象征特定的地域文化特点。如中国传统的"天圆地方"世界观就经常在建筑、环境中体现（见图 2-65）。

图 2-65　上海博物馆——天圆地方

建筑造型与其他艺术造型在表现形式上的主要区别之一，就是它在表现内容和意义上的象征性，并且主要借助于抽象的几何形象来表达某种抽象的情感概念和环境气氛。莫比乌斯环是数学的一个奇妙发现：取一条狭长的纸带，将其一端与另一端的反面粘在一起就成为莫比乌斯环。此环无正反之分，从一面可以顺利转到另一面，再可以回到开始的一面。莫比乌斯住宅的设计灵感就源自莫比乌斯环，建筑师将住宅的交通流线设计成为一个永不交叉的"8"字形环体，纠缠的路径表明住宅的公共与私密空间既独立又融合。而作为住宅主体材料的玻璃和混凝土也依次交替出现（见图 2-66）。

图 2-66　莫比乌斯住宅

2.4.2.2　解码

解码是与编码对立的过程，指传播过程中，使用和编码相同的特定规则，将接收到的符号转换为信息意义。这一过程是在人们大脑中进行的，受众按已有的知识与经验把设计语言符号解释为信息意义。建筑设计中的解码是受众通过三种途径进行感受理解的，即建筑造型的形、色、质，功能定位与使用状态，装饰标识。在这些过程中，视觉感知与受众联想是解码过程的重要组成，从视觉得来的信息经过大脑进行转译、联想，被受众所理解。

康德说，一切现象进入我们的直观范围时，必须经过时空之形式；进入我们的悟解时，必须经过范畴之形式。他说的"形式"就是二维与三维空间上的"形态"。对视觉符号的解码，其实就是"范畴之形式"的"悟解"。在视觉内容与形态符号的多重组合关系中，"形态"作为会"言语"的符号，具有丰富的内容和语义。

《庄子·外物》中说："筌者所以在鱼，得鱼而忘筌。蹄者所以在兔，得兔而忘蹄。言者所以在意，得意而忘言。"意为：语言只是获取意义、实现目的的手段。任何符号，无论它的结构形式如何合适于视觉感受，它只是一种工具性的信息载体，其价值在于它所指向的功能意义。每个造型符号都和一种我们难以理解的意义相结合，视觉符号在意义的包孕中才有了灵性与活力，其形式才会被作为审美对象。《尚书正义·毕命》用"视之则形也，察之则象也"来描述主体对物的不同认识程度，认为形是视而得之的客观形貌，偏重客观性、空间性和静止性；象是"心眼"观察的"形"的内容，具有空灵性、意象性和象征性，是对有形物的超越。

在建筑设计中作为具有指示性的视觉符号，往往表征着整个作品的情感基调，受众总会通过联想、拟喻、象征等各种方式来对作品进行解读与解码，从而可以获得更为饱满与生动的视觉语义。如柯布西耶设计的朗香教堂，受众除了理解出它是教堂外，还可以理解出帽子、船舶、手势、鸭子等多种意象（见图 2-67）。再如悉尼歌剧院的造型设计表达了作者对周围环境景观的理解，但它抽象雕塑般的造型所具有的

象征和隐喻意义，在澳大利亚居民中有截然不同的反响，有人说像白鹤惊飞的翅膀，
也有人说像迎风高展的船帆等（见图 2 - 68）。

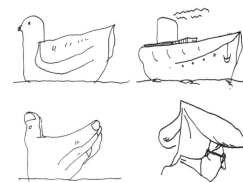

图 2 - 67　朗香教堂

图 2 - 68　悉尼歌剧院

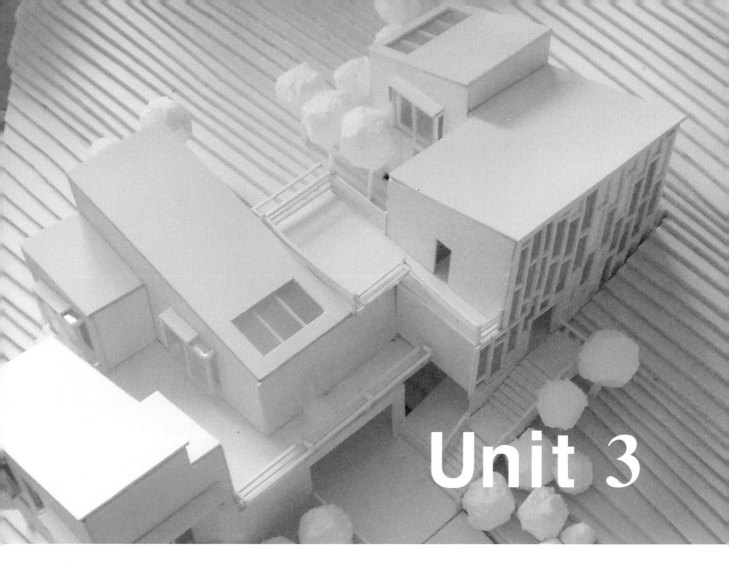

Unit 3

第 3 单元　别墅设计程序与方法

3.1 设计准备

别墅设计是一个系统工程，有其自身的专业规律，必须遵循科学合理的设计程序与方法，才能保证设计的顺利进行。别墅方案设计通常要经历一个从前期准备、设计酝酿与比较、取舍到最终定案的过程。而设计者对前期设计准备工作的重视，是设计工作得以顺利开展的前提条件，也是设计工作能做到事半功倍的基础（见图 3 - 1）。

图 3 - 1　长城脚下的公社之二分宅（张永和）

3.1.1 设计任务解读

在设计准备时对设计任务的解读，一般可以归纳三个部分：一是相关建筑与城市规划的法规、规范，这是设计的前提条件；二是设计任务书的具体要求，这是设计的直接依据；三是场地的条件，这是设计的客观基础。

3.1.1.1 建筑与城市规划要求

城市规划对建筑场地的控制主要体现在对于用地的发展方向和布局结构的控制，诸如基地后退红线要求、容积率、建筑密度、绿化率、建筑限高及造型风格等指标的控制（见图 3 - 2）。

（1）红线。

红线是建筑设计中首先遇到的规定。所谓建筑红线是地方规划部门根据基地周围的建筑布局所制定的对建筑构建范围的控制线。

由于交通、消防、绿化、日照、景观等方面的要求，城市规划部门会在"规划设计要点"中指令性地标明建筑应退让红线的距离，必须按此规定布置建筑。非经规划主管部门批准，建筑物（包括台阶、平台、窗井、基础、地下管线等）不允许突入红线。

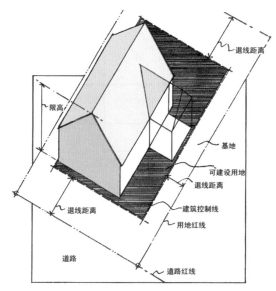

图 3 - 2　规划条件示意图
（图片引自：邹颖、卞洪滨编著．别墅建筑设计．
中国建筑工业出版社．2000）

（2）用地面积。

用地面积是整个建筑规划场地范围的总面积。

场地范围是道路红线和建筑控制线相连接而形成封闭围合的界线界定的。道路红线是城市道路用地的控制线，即城市道路用地和建筑基地的分界线。建筑控制线，是建筑物基底位置的控制线。

场地范围内不一定都能用以安排建筑。当有后退红线要求时，道路红线一侧场地内规定的宽度范围内不能设置永久性建筑物。如无特殊要求，红线后退而让出来的空间可以设置道路、停车场、绿化等设施。

建筑与相邻基地边界线之间应留出相应的防火间距。

（3）总建筑面积。

场地上各类建筑的各层建筑面积的总和（住宅建筑阳台未封闭 $4m^2$ 以下不算，$5m^2$ 以上计一半。具体各个地区与城市有相关的指标）。

（4）容积率。

场地上各类建筑的总建筑面积与场地总用地面积的比值，是用以控制场地上建筑面积总量的指标。

（5）建筑密度。

场地上各类建筑的基底总面积与场地总面积的比率（%）。

（6）绿地率。

场地上各种绿化用地总面积与场地总面积的比率（%）。

（7）高度限制。

建筑的最高层数或极限最大高度要求。建筑高度不应影响邻地建筑的最低日照。

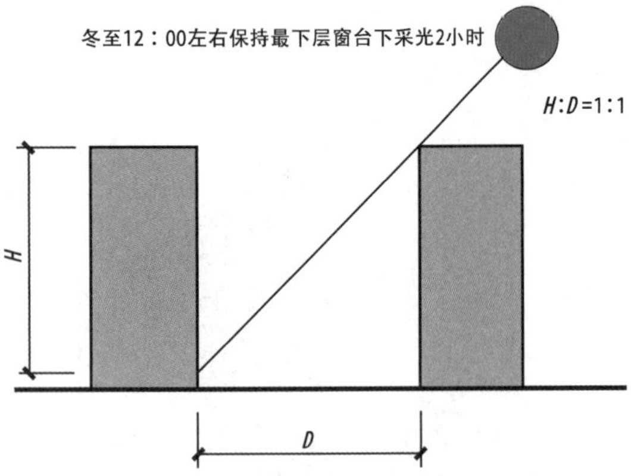

（8）日照间距系数。

根据日照标准确定的房屋间距与遮挡房屋檐高的比值。日照间距一般采用 H/D 来表示，即前排房屋高度（H）与前后排住宅之间的距离（D）之比，经常以 1：0.8，1：1，1：1.2，1：2 等形式出现，它表示的是日照间距与前排房屋高度的倍数关系（见图 3-3）。

（9）空间要求。

为了更好与外部环境协调一致，对场地的空间布局提出要求。例如，主体建筑位置、场地绿化与周围环境的关系与衔接等。建筑布局应有利于夏季自然通风，冬季防止风寒侵袭。

图 3-3 采光日照间距

3.1.1.2 设计任务书

设计任务书是建筑方案设计的指导性文件，通常由项目性质定位、使用对象、设计标准与技术指标、功能空间内容、投资造价、图纸要求、进度要求等内容构成。在别墅设计准备阶段，对设计任务书的准确解读将会为设计目标定准方向，为设计路线标明途径。因此，要重点分析与理解设计任务书中各个内容的信息需求。

3.1.1.3 场地条件

场地条件通常阐述设计用地范围内气候、地形、地貌、植被、日照等自然环境条件，以及用地周边的道路、建筑、构筑物及古迹遗存等人工环境条件。通常场地条件由文字叙述和地形图结合确定的，因此对场地条件的分析要将两者综合起来建立完整的空间形象概念。在解析场地条件时，尤其要对特殊的环境条件给予特别关注。比如场地内原有的水面或场地内留有一棵古树，这将提示你在设计中要对水面或古树的处理做出各种可能的应答。别墅设计就是要不断对场地条件的调整与优化，从而建立空间环境的新秩序。

3.1.2 设计信息收集

在设计准备阶段，对设计相关信息量掌握的多寡，将直接影响方案设计的深入展开。一般来说，对设计信息的收集主要通过咨询业主、实地勘察、案例研究、文献阅读等方式。

3.1.2.1 咨询业主

沟通是任何工作得以顺利开展的必要手段。别墅使用的对象都是个性化的，要能做到在设计中充分考虑业主的意向、品味、审美及要求等，做到真正的量体裁衣，就需要在方案设计前与业主进行充分的交流与沟通，以能准确确定建筑功能、形式和风格。另外，限于业主制定设计任务书的局限性，通过咨询业主这一环节，将进一步明确设计任务书没有交代清楚的事项，使设计任务书能更具科学性和可操作性（见图3-4）。

图 3-4 与业主的沟通

3.1.2.2 实地勘察

设计者亲临现场切身体验是设计得以实现的基本前提与要求。通常情况下，当面对一个设计任务时对设计现场实地勘察的内容包括场地环境中诸如地形地貌特征、地质水文条件、场地周边道路、设施等"硬件"要素，以及诸如场地文脉、风土人情及主要使用者行为等"软性"要素。通常采取的方式是测绘、拍摄、速记、建模等。通过实地勘察，可以直观感受现场环境的空间、体量、肌理等，发现现场环境中的隐性信息，从而可以在现场进行初步构思，在脑中建立一个虚拟的设计目标，为后面书面设计提供基础（见图3-5）。

图 3-5 实地勘察

3.1.2.3 案例研究

在别墅设计中，除了对设计项目的背景资料做全面研究外，还需要对相关案例进行解析研究。案例研究是通过解析他人优秀设计作品中对理论阐述、背景分析、空间形态以及细节处理等方面，其目的就是在借鉴他人成功设计理念的同时，启发自己的设计思路并融入自己的想法，最后形成自己原创的设计概念。本节具体内容在第1单元中已详细讲述（见图3-6~图3-9）。

3.1.2.4 文献阅读

衡量一个设计水平的高低，不仅看设计者对专业知识的掌握程度，也要看设计者运用其他知识的宽度与深度。别墅设计不仅需要本专业的知识来解决设计问题，还需要多学科知识作用于设计过程。因此，通过阅读相关文献可以使设计者跳出专业局限，以更高、更广的视野做出更高水准的别墅设计方案。

3.1.3 设计条件分析

在设计准备阶段，通过设计任务的解读和设计信息的收集后，已获得了第一手的设计资料。而除了将这些资料作为设计主观条件用于设计展开外，还需对设计的经济、人文条件及设计规范等客观限制条件进行分析。

3.1.3.1 外部条件分析

（1）经济条件。

别墅设计需要满足建筑设计规范标准，需要充分考虑建筑结构和设备布置设计的科学性与经济性，还需要满足一定的经济预算要求等。

（2）人文条件。

人文条件是在漫长历史过程中形成的地域外部环境空间"秩序"，这种秩序结构对设计形成一种制约。当别墅建筑介入场地时，必须要考虑人文环境因素的限定，通过对环境周边地域与文化特色的调查与观照，将有助于别墅建筑与场地环境的和谐统一。

湖畔别墅 Lakeside villa (1939)

·设·计·师·

■ 建筑师：朱塞普·特拉尼 （Giuseppe Terragni）
■ 意大利建筑师，意大利理性主义建筑运动的代表人物，后作为法西斯士兵战死于战场上。
■ 毕业院校米兰工艺学校（Milan Plastici）
■ 1927年和他的兄弟考莫（Como）开设了自己的建筑事务所，事务所运营直到特拉尼在战争中死去。
■ 主要代表成就：科莫的法西斯办公大楼。
■ 他的作品构成了意大利理性主义或者说现代主义建筑的核心。

·理·性·主·义· （RATIONALISM）

理性主义是一种哲学，它是由柏拉图、笛卡尔和康德发起的。理性主义强调直观感知的真理，不依靠任何经验。理性主义以证实一个先验的数学真理，有关空间、时间和因果关系的绝对真理，并不依赖于对外部世界的理解而存在。

·湖·畔·别·墅· （LAKESIDE VILLA）

■ 一栋具有理性主义风格的钢筋混凝土框架结构住宅。
■ 别墅为艺术家休闲度假之用，位于意大利科莫的一个湖中小岛，房屋南面向着湖，北面有道路。
■ 白的别墅底层架空。
■ 别墅向湖南立面的大面积玻璃带来了充足的阳光。外形的结构会联想起萨伏伊别墅。

·平·面·分·析·

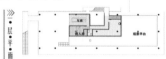

一层平面　　　　一层平面 ◄═══ 主要流线 ◄──── 私人流线

● 一层布置有车库、佣人的起居室与卧室、抬起的观景平台和平台下的储藏空间。从北端的室外楼梯上至二层主体部分，来到一个带有极强开放性的起居空间，向湖南立面的大面积玻璃带来了充足的阳光。

二层平面 ◄═══ 主要流线 ◄──── 私人流线

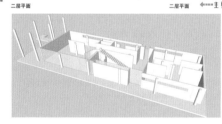

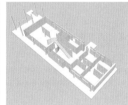

● 二层以上的主体部分由一矩形外框限定出，矩形外框是西端的单跑楼梯以及北端的另一单跑楼梯和出挑露台。
二层由西向东分别是起居室、餐厅及厨房，客厅及厕所，餐厅由弧形短墙围合出，与起居室构成出流动的空间感。

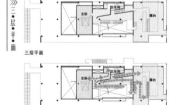

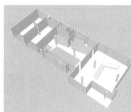

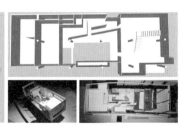

三层平面 ◄═══ 主要流线 ◄──── 私人流线
● 顶层有雕塑般的弧形短墙。
三层主要是主卧与带瞰露台，沿着露台中央的长楼梯能达屋顶花园。外形的结构会联想起萨伏伊别墅。

·平·面·分·析·

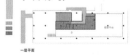

一层平面　　　二层平面　　　三层平面

交通空间
半开敞空间
封闭空间
全开敞空间

■ 流通空间的比例大大多于其他类型空间，交通空间互不重叠，既不破坏空间的流动，又给人以跳跃感。

图 3-6（一）　湖畔别墅

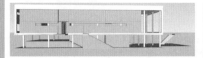

小住宅设计——大师作品赏析

小组成员：陈雨圆 朱晓青 王家宁

·立·面·分·析·

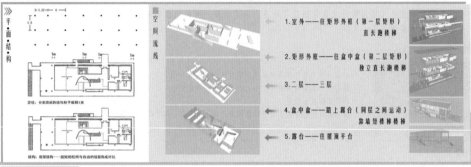

■建筑运用南面与北面的对比来反映临湖基地的特征：南露台进深大，南立面玻璃幕墙处于柱子北面，产生开放感；北露台进深小，以至于相当于一条走廊作用，北立面柱子嵌入但凸出于实墙中，成为了视觉停留点。然而，北侧主入口外侧悬挑的台子如一声低沉的鼓点恰当打破了平静的水平性，强调了此处立面通高的玻璃。

·结·构·分·析·

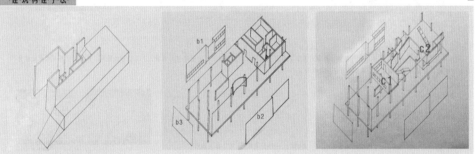

平·面·结·构

空间流线

定性：分别房间的结与柱子偏移1米

结构：框架结构——规矩的柱网与自由的墙面形成对比

1.室外——往矩形外框（第一层矩形）
直长跑楼梯

2.矩形外框——往盒中盒（第二层矩形）
独立直长跑楼梯

3.二层——三层

4.盒中盒——踏上露台（同层之间运动）
靠墙短楼梯楼梯

5.露台——住屋顶平台

·建·筑·构·建·手·法·

b1
b3
b2
c2
c1

矩形外框——限定空间轮廓

四面的板构成的不是一个简单的方盒，而是一次分解：不同方向上两板的相接方式强调方向，减弱了外轮廓的体块感。

带大面积玻璃的居住空间——体现出方向性

南侧玻璃墙面中央凹人，体现了一种浅空间的形态，玻璃没在柱子的后面，产生了开放的效果，北侧柱子在墙中隐约可见，成为了视觉停留点。

主卧房间（三层露台）——盒子中的盒子

这是体块盒子的形式，墙面、开口于玻璃在这里没有被分离，主卧西面和北面有水平长窗，南面无墙，与玻璃立面相接，东侧体块的一层为客卧。二层为露台，连接屋顶平台，突出于南立面外：主卧与露台以过道相连，两者存在高差，有两段不同方向楼梯连接。

三重矩形空间之间 有直跑楼梯连接

这是体块式盒子的形式，墙面、开口于玻璃在这里没有被分离，c1主卧西面与北面有水平长窗，南面无墙，与b2玻璃里面相接。C2一层是客卧，二层是露台。露台部分突出b2立面外。C1和c2以过道相连，两者有高差，以两段不同向的楼梯连接。

·建·筑·归·纳·

■均等网状排布，有强烈的网状空间格局。

■周围有多层覆膜覆盖，形成三次矩形的层状空间。立面处理手法不同于萨伏伊别墅，它的四个立面各不相同，显示出内部功能的不同需求。

■主卧的重要性是以盒中盒的形式体现，造成一种空间的流动性。

■湖畔别墅使用了多米诺体系，创造出一个"完美的"的空间。这既是一个理性的延续柯布西耶的五点理论现代空间，

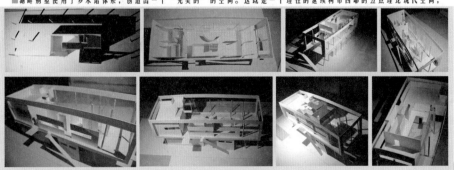

图3-6（二） 湖畔别墅

小住宅设计　Small residential design

李子林住宅
house in a plum grove

项目位置：
李子林住宅建在东京郊区安静的住宅区内，房子周围种了很多李子树，而得名李子林住宅。

项目业主：
一对年轻夫妇、两个孩子以及其祖母。

- 1956 出生于日本井原
- 1981 获日本女子大学硕士学位
- 2000 "妹岛和世+西泽立卫的6个方案"，巡展于德国柏林
- 2000 威尼斯建筑双年展，意大利威尼斯
- 2001 "帕尔马斯屋顶花园"，荷兰鹿特丹
- 2010 获得"普利策建筑学奖"

· **妹岛和世**

· 基地分析

位置：东京城郊住宅区
面积：基地面积92.3㎡　建筑面积77.6㎡
特殊点：位于街角　转折大于90°

住宅周围有大片李子林，在不破坏李子林的情况下，使建筑与周围的环境良好融合，并且可作为建筑的配景使用，尽少改变基地原貌。

· 住宅实景

李子林住宅打破传统的住宅空间尺寸，出现大异寻常的房间形态。

· 形式逻辑分析

建筑的基本形式可以看出是由一个正方形→三角形→>90°的、可以贴合地形的形式，运用了加减和拼接的方法。

· 平面分析

· **一层平面图**

01 入口
02 起居室
03 祖母卧室
04 储物间
05 餐厅
06 过道
07 厨房
08 男孩卧室
09 卫生间

· 立面分析

西南立面图

西北立面图

东北立面图

东南立面图

住宅中有很多不规则的洞口，这些洞口一方面削弱了建筑的厚重感，同时也改变了房间之间，室内与室外的关系，成为人与人之间活动的一个平台。

二层平面图
01 书斋
02 主人卧室
03 卫生间
04 阅读区
05 女孩卧室
06 小书斋

娱乐室 01
设备间 02
静思室 03
卫生间 04
庭院 05

三层平面图 ·

· 空间分析—空间类型

交通空间：减小到最小，由贯穿三层的旋转楼梯充当流线
私人空间：尽量减小卧室，卫生间，浴室，以床为房间
公共空间：尽可能放大，并分成小块不同功能分区
完全开放空间：唯一，顶层，少干扰。

▢ 完全开放的公共空间　　■ 公共空间　　■ 私人空间　　■ 交通空间

业主一开始需要一个比较大的空间。而在日本，尤其在东京，要设计这样一个大空间是相当困难的，即使把每个人的卧室空间降到最小，剩下的空间还是很小。因此，妹岛和世开始构想一个随意堆叠的空间系列。

最终，她决定不设计一个大空间，而是设计很多非常小的空间。通过将许多小型内部空间彼此联系或者分离的方式连接和安排在一起。

妹岛心目中理想的空间模式是：同在屋檐下，除了各自的房间，还有许多可以停滞的地方,可聚可散,可近可远。

小组成员：董婷婷 2012334405034　韩佳艺：2012334405035　焦佳：2012334405037　指导老师：杨小军

—01—

图3-7（一）　李子林住宅

· 空间分析
—功能分区

底层平面图

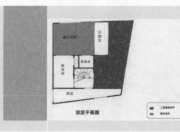

顶层平面图

二层平面图

厨房靠近门厅方便购物及做饭。将老人房设计在一层，与公共空间和室外相对联通便于出行。

· 空间分析—功能组合分析

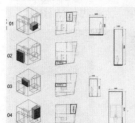

· 私人空间分析
01 祖母卧室
02 男孩卧室
03 女孩卧室
04 主人卧室

阅读空间分析·
女孩阅读室01
阅读区02
阅读室03

· 卫生空间分析
01 底层厕所
02 一层厕所
03 二层厕所

公共空间分析·
门厅01
起居室02
静思室03
创作室04
庭院05

一层交通分析图

二层交通分析图

三层交通分析图

交通流线是李子林住宅的特色，在住宅内除了楼梯间，基本没有纯通道，垂直交通面积极少，房间既具功能性，又承担交通，空间感受很特别 **交通流线分析** ·

· 开窗分析

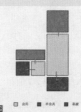

手法一并置： 每个窗独立存在，又同时存在于一个统一的大秩序中。庭院的窗或洞作为景框将风景引入，将私密空间带出。

手法二嵌套： 内部房间关系因似乎不合理的窗改变，如女孩男孩以及父母可以不出房间就进行交流，改变全私密的状态。

手法三连续： 不同立面开窗方式反映了不同的内部使用要求，使得立面简洁有趣，窗的存在使建筑充满透明感，同时保证墙体围合的整体性。

· 色调分析

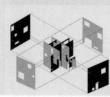

白色暧昧：
白色的建筑伫立在黑色的沥青路面上，对比强烈，引入视线向上，看似像是漂浮在路面上显得轻盈飘逸，正是妹岛一贯的风格和理念。

消失感：
处于转角且周围多为灰色，使得住宅变得暧昧，模糊，加上窗的透明感，结构细小，使得建筑更为透明。

· 透明性分析

1. 在单面上使用的大面积窗户给人流通和通透的感觉，又仿佛是建筑与自然的对话。

2. 有意识抹平墙与墙之间的缝隙。

 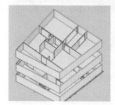    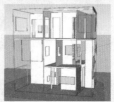 

· 模型自建

小组成员：董婷婷 2012334405034　韩佳艺：2012334405035　焦佳：2012334405037　指导老师：杨小军

—02→

图 3-7（二）　李子林住宅

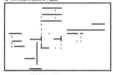

建筑解析——考夫曼沙漠别墅
Analysis Building——Learn to master's work, Kaufmann House
Member：江玮蓉　黄梦露　陈晓燊　Adviser：杨小军　2014/12/14

建筑师背景

理查德·诺伊特拉 1892 年出生于维也纳，1929 年移居美国。他是在美国最早从事德国风格的现代主义建筑大师。

诺伊特拉是早结识阿道夫·鲁斯。年轻的时候曾跟随德国现代建筑早期的重要大师。建筑在现主义的代表人物艾里克·门德尔松学习，到美国后曾经短期在赖特建筑学院工作过，受赖特的炽热外环境引进室内、让大自然和建筑融为一体的影响。另一方面诺伊特拉认为，设计的核心是生活的本质。通过不同地点人的生活需求，提供他们所需要的设计方式，才是建筑设计的核心。

建筑概况

帕穆斯林附有一片荒凉而迷人的沙漠绿洲，20 世纪中叶，美国著名的富商考夫曼为之心醉，为了自己和家人及客人在冬季独家中找到更舒适、宽阔的感官，考夫曼建筑大师理查德·诺伊特拉设计了著名的考夫曼沙漠别墅。贫瘠的沙漠，恶劣的气候的给别墅的设计带来极大挑战，诺伊特拉在设计时，将别墅的布局安排呈放射状仿佛风车一般，每一翼翼房间，从而将群化以求美感与别墅相融合。

诺伊特拉的业主是匹兹堡百货商考夫曼家族。熟悉现代建筑史的朋友应该不会对这个名字陌生，著名的流水别墅（1939年建成）就是为考夫曼家族设计的。总在美国西部沙漠城的沙漠住宅则作为该家族的冬季度假别墅使用。

考夫曼沙漠别墅轴测图

建筑空间体系

住宅周围设置了两条建筑围的绿化带，既防风遮沙，又美化环境，还不荒凉沙漠。

别墅以起居室的四分之一角为中心向外延伸的横向和纵向的轴线。主题、客房、车库等构成风车状包围着起居室。

住宅整体呈十字形布局，东西轴长，南北轴短，两翼汇总为住宅的中心，设置有起居室、餐厅和一个室内庭院，属于公共区。中心向为住宅的入口，设有一个车廊；中心向北是客房；中心向西分别是朝向以及西侧的工人房，属运服务区；中心向东则分别是主房及东翼的办公室，属于私密区。

建筑结构体系

沙漠别墅主要是框架混凝土结构，主要承重体系是南北向的平行墙。

从开始就可以看出，在别墅设计时，理查德·诺伊特拉就希望把室内外的自然环境拉入室内，到很好的融合，所以在建筑中他采用大面积开窗，居者在室内体一点望见室外的景色，也把握了建筑的体量延减轻。

作为普通厚原、国际之一样有了自由开窗，因为带有灵活感，因此寒实采用框架来代替砌体结构。沙漠别墅主要是框架混凝土结构，主要承重体系南北向的平行墙。由于诺伊特拉结构把室外环境引进室内，所以在建筑中，他采用了大量的大面积开窗，为了让居住者可以在任何视点外远眺。

平行墙对于向有负荷的控制力，诺伊特拉合理运用平行墙，悬以个建筑的室内空间变得更为安全，并具有负荷的方向威胁渐聚力。墙面可以通过扪两侧的控制，形成前后贯通的底面窗，增加一道非常重的厚墙。就使得两三面封闭，进而形成单一的前入口，雪上去就像自然的巢穴一般安全。

建筑立面体系

住宅的外立面有许多地方采用了铝材，一是蓝色美观，二是该材料对于阳光的反射作用十分强烈，与阿拉伯当地人们对身自色图饰悬所仿的道理，再为了避免金属材料如铝吸收温度，住宅的内都大量使用木材，并辅以蓝色调的灯光，使住宅看起来很温暖。

另外，住宅的西立面等立面，还采用铝材制成的大型"百叶窗"——尺来的铝条垂直宣置，相互遮挡的同时又留出多种的空隙，这样一来，既可以调节阳光，同时能保证了通风的状况。

建筑平面及立面分析

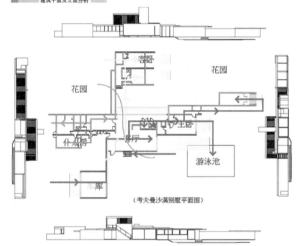

（考夫曼沙漠别墅平面图）

光照分析

尽情享受阳光的同时为了避免玻璃幕墙的日照眩问题，住宅的屋檐有一段悬挑避免了阳光直射。有选择的"放人"不强西面又温暖的日光。

建筑的主题部分，即客厅和主人我是不但在东西朝向上使用大玻璃，尤其是南向玻璃就决定窗主人房一年当中的采光变化情况，这个变化区间可以根据其纬度（北纬34°4´）计算得出。

冬至：太阳直射在南回归归线，位于北半球的棕榈泉地区无太阳直射情况，但透过幕面的玻璃幕依然有光线射被对面的白色墙体反射进来，营造了明亮的交通空间。

夏至：太阳直射的区域转移到北半球。当地太阳高度角为 76°24´，主人房内几乎没有直接入射的光线。

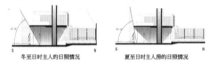

冬至日时主人的日照情况　　夏至日时主人房的日照情况

建筑通风分析

起居室南北凉山坡璃门打开时可以形成良好的通风，使室内空气很好的流通。

建筑交通流线体系

考夫曼别墅不同于以往的室内功能聚合的传统别墅布局而以发散性布置，每一个房间都是独立的自己特定的功能，自成一个使用体系。以达到互不影响的关系。

别墅里所有的私人和公共空间被明显的界限划分，或以长廊，或以大体量来防止空间和人的被入侵。

建筑材料运用

沙漠别墅主要是框架混凝土结构，主要承重体系是南北向的平行墙。

既然在这里享受阳光，那么就少不得可以尽情享受的设计。整个住宅如起居室、厨房、走廊、主卧室等区域大量采用玻璃幕，大面积地使用玻璃和光亮的钢构件，反衬沙漠 的粗糙原始、玻璃幕使室内外空间互相渗透，这种对新材料的运用使得别墅在荒漠中更加轻盈精巧，给人一种宽阔、愉悦的感受。

诺伊特拉通过从地板到 天花板的玻璃利用把有限的 室内空间延伸到室外去。诺伊特拉考查沙漠的特殊环境，设计了游泳池，符合当地要求的设置。游泳池不仅起到了娱乐的作用，同时也经过它来增强来自内部的视野，使环境与水面交相辉映。

于借助玻璃外以外，诺伊特拉借助建筑一整个可随意散开的面，把每一个方位的景色都引进室内范围的每个景色都以成为室内某个试点的一幅画，扩展了房间的视觉面积，整个景色与房间融为一体。

建筑细部处理

←左图为二层的室外凉亭，在这里可以全方位观赏高低不平的山和沙漠，这一点从某种程度上也增强的内部外部的联系，达到了建筑的设计目的的诉求。

右图为由内向室外看的照片，设计一考虑到了沙漠的特殊环境，设计了游泳池，满足了主人的享爱。我们觉得泳池不仅是起到了娱乐作用，同时进一步增强了内部视野，对于天空的视野。

图 3-8　考夫曼沙漠别墅

"生态房屋" 的思与行

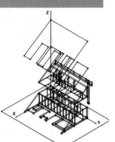

地　　点：德国巴伐利亚州
建筑面积：200平方米
层　　数：2层
项目时间：1977——1979年

雷根斯堡住宅

设计师介绍

托马斯·赫尔佐格

托马斯·赫尔佐格，德国著名的建筑师和建筑学教授。托马斯·赫尔佐格先生所设计的作品，无论是小型住宅还是大型展厅，都出色地体现了生态理念。他在太阳能应用方面的研究成果得到了专家及同行的高度评价。在可持续发展成为世界关注焦点的今天，他的研究及设计作品尤其显示出其远见卓识。被称为"绿色建筑师"。
"建筑创作对我来说，绝对是一种纯粹的理性过程。"

住宅环境

该项目位于德国的雷根斯，属海洋性气候，建筑热工方面主要考虑冬季采暖，适当兼顾夏季防热。该住宅的基地被绿树环绕，北侧的树林有效地防止了北面冷风的侵袭，南面有一条来自生物小区的小溪从中流过。夏季能依赖水体蒸发起到降温的作用。
周围的有利环境有助于住宅冬季采暖，兼顾夏季防热，提高了住宅周围的室外空间的使用效率。

建筑形式

住宅充分考虑了几何美学特征。屋顶以倾斜玻璃顶的形式一直延伸到地面，这种南面的阳台和温室起到了温度过渡区域的作用。这些空间并不是建筑前面的附加部分，而是形成了整体布局中不可缺少的部分。外在的设计反映了与功能要求的一致性：对太阳能的直接应用，以及创造内部空间与精心设计的外部空间之间的联系。技术和构造细节被故意暴露出来，并且被整合进建筑的几何秩序中，形成了独特的美学效果。住宅整体体现着结构的独立性，几何的明晰性。

主要生态设计与技术措施

1. 空间布局的气候缓冲策略
2. 被动式太阳能利用
3. 架空防潮
4. 植物遮荫降温
5. 木材与金属材料

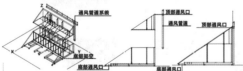

光照分析

夏季白天
建筑底部和顶部的通风口开启，形成对流，多余热量从通风口排出，从水面和北面收入的凉风有效改善室内热环境。并有遮阳帘阻挡过多的日光。

冬季白天
太阳辐射通过玻璃顶罩使温室内升温，热量一部分被温室底部的砾石储存起来，另一部分形成温暖的上升气流，加热上部的空间，改善室内条件。

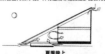
夏季晚上
进风口和排风口之间的高差使建筑有良好的通风，带来舒适的热环境。

冬季晚上
砾石内储存的热量开始缓慢释放，保持室内空间温度，顶部的双层玻璃以及遮盖物有效的防止热量散失。

功能分区

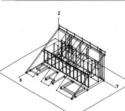

规划将基地沿着南北轴线分为四个区域，位于北面入口处，建筑围墙与攀爬植物所形成的层面之间的区域；辅助功能和休闲区域；面向南面的主要空间；以及面向花园的温室。

整个平面布局被分为平行区域，建筑内部的布局遵循了温度分区的原则，将对温度要求高的起居室卧室放在中间；北侧对温度要求低的卫生间和厨房较为封闭，冬季起到绝热作用；南侧的温室在夏季时则成为主要空间的温度缓冲区。

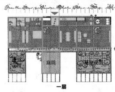

辅助空间（卫生间、厨房）
主要空间（起居室、卧室）
缓冲空间（温室）

一层平面图
温室上空
二层平面图

路线分析

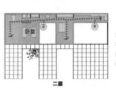

一层
二层

住宅主入口在北面，次入口在东面。在主要空间与缓冲空间之间有一条廊道，可通往各个平行的空间。二层为开敞空间，可通过一层的两处旋转楼梯通往。

建筑材料

1. 玻璃
a. 冬季可直接利用太阳能，可移动的玻璃隔断可使起居空间扩大至温室。
b. 较高的透明度让人感受建筑由室外转向室内。可滑动的分割也让建筑赋予变化。增加流动感。在建筑内部可感受到天气变化，冬季积雪也能清洗玻璃。
2. 砾石
厚重的楼面板和温室底部的砾石都可用于临时储存热量。在晚上，这种方式储藏的热能被释放到室内。过多的热量可通过北面实墙面的通风口释放出去。
3. 树
树是整个设计概念中的一个组合部分，它们在夏季提供了阴凉，冬天阻挡北风，并且落叶的树木不会阻挡建筑获得阳光。
4. 天花和地板
屋顶有锌钛板覆盖，在有玻璃的区域，用单层加厚玻璃。地板下设有20cm的绝缘层，地下供暖系统便位于此。
5. 木骨架
木骨架由层叠胶粘在一起的软木构成，采取一种三角形断面设计，这是一种有效抵抗风力的支撑形式。鉴于当地水位较高，别墅被支撑在地面以上。高绝热外墙背部的通风外皮使用的是俄勒冈松板。

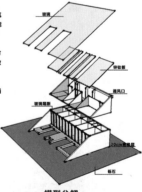

玻璃
锌钛板
通风口
玻璃隔断
20cm绝缘层
砾石

模型分解

总结

这栋建筑的独到之处在于，它并没有采用高科技和新技术，而是通过最简单的原理取得了良好的节能效果。由于采用了低技术含量的被动式系统和普通的材料降低了造价。这使它具有了更大的社会意义，是真正意义上的"绿色"建筑。同时，外观又很有特色，凸显了几何美学。可以说这是一个以完美的结构实现了人性化、智能化的建筑。设计师从功能出发，以人为主，打造这生态房屋，正如他自己所说，建筑创作，绝对是一种纯粹的理性过程。

指导老师：杨小军　　小组成员：李凯堃 梁韦琪 倪贝贝

图 3-9　雷根斯堡住宅

图 3-10　自然现象

3.1.3.2　内部条件分析

（1）限制条件。

对别墅设计的外部条件分析外，常常还需对市政和规划部门所提供的水、电、气、热、通信以及建筑限高、容积率、后退红线距离、交通出入口位置等资料和条件进行参阅和分析。

（2）设计内容。

对别墅设计内容的分析主要是在基于别墅建筑功能组成，用地条件和有关技术要求的基础上，综合研究与布置场地内的建筑方位、交通组织、竖向设计、管线综合及环境设计等，使场地内各组成内容与设施组成为统一的有机整体。

3.2　设计立意与构思

设计是无中生有，是将不可能变为可能，对生活状态我们要有自己的提问，要善于从生活常态中发现不寻常处。

3.2.1　设计立意

设计立意犹如作文、谱曲、图画所要表达的主题思想，是一种理念、境界的表现。意在笔先，建筑的意境是建筑创作的内核。建筑的设计立意可以来之于文学的隐喻、电影的激灵、绘画的联想、音乐的遐思，也可以来自于日出月落、电闪雷鸣。"师法自然"，生活中日常的所见所闻对于设计师是很重要的，设计师必须重视他们偶遇的每个生活情形，这些都可能成为建筑设计的立意起点（见图 3-10）。

图 3-10　自然现象

　　建筑与环境设计专业的学生们要有对生活足够的探奇心和关注力，要对未知知识和社会事态有足够的求知欲和敏感度，应该是一个热爱生活、享受生活的人，是一个执行力较强的人，是一个善于思考的人。设计是一个思考的过程，创意思维依赖于我们打开视野善于观察生活的能力。扩大兴趣寻找设计母语，超越专业领域限制跨学科研究事物，准确把握设计定位与主题切入。通过对其他艺术形式（电影、小说、绘画）和生活体味为参照和借鉴，进行解读、分析、转化与应用，将这些语言与思维转变成建筑空间的表述与表达，并最终获得某种建筑空间形式生成的途径与结果（见图3-11）。

图 3-11　积木运算
（教学指导作品——设计：高伟、董佳敏、王霞、孔琦、徐涛）

　　设计者在分析相关设计条件后，进行抽象思维，会对设计的主题有个基本的概念，这个概念可以通过图表、图形、文字等形式来表达，随后就要将抽象思维的成果转化为具体的建筑形象。设计者不同的个人情感表达出不同的形象语言，建筑形象直接反映设计立意的表达是否成功准确。从类型学来看，一座别墅通过其与花园的关系、个体与社区的关系、生活方式的形式表现等来阐释其主题。这些主题的表达通常促成一种恰当的建筑表现。

　　环境设计学习的源点来自于生活中朴实的动机和学生创作的欲望之上，许多不可预见的因素都是学生在设计过程的激发点。别墅设计作为建筑与环境设计专业的第一次真正设计专业课，对培养学生学习兴趣、激发学习热情，掌握学习方法是非常关键的。教师不能以单一、片面的要求扼杀学生美好的心灵与接受挑战的勇气 (见图 3 - 12)。

图 3 - 12　学生学习的积极性与成就感建立

3.2.2　设计构思

设计构思是根据设计条件，紧扣立意，以独具创造性和表现力的设计语言而展开的富有想象力的设计思考过程。

构思贵在创新。一个好的设计构思不应只局限于某个问题的关注，而应是综合考量设计对象本身及对象以外的社会、经济、技术、材料、文化、生态等当面的情况。在别墅设计构思过程中，需要关注解决好几个基本问题。首先，别墅要有一定的空间去容纳人的各种行为，因此必然涉及到"内部"与"外部"两大关系；同时又出现空间呈现何种形态、人在其中如何使用的问题，这就是空间的"形态"与"功能"问题；其次，别墅设计的基础性要素，是处于何地和以何种形式建造起来，即"场地"与"结构"问题。由于设计构思是一个综合多元要素的过程，所以在别墅设计构思中，要综合考虑这六大问题并进行延伸出相应的组合关系 (见图 3 - 13)。

图 3－13 设计基本问题的关系

正如前文所述，建筑设计是一个综合环境、功能、造型、技术等诸多因素的整体系统，不能将其中任一设计要素从系统中单独开来进行思考，只能以某一设计要素为构思出发点，综合其他设计要素进行方案创作。以下我们将别墅设计构思过程中要考虑的几个基本要素逐一进行论述。

3.2.2.1 基于环境的设计构思

建筑物总是存在于某一特定的环境之中。这里的"环境"既包括微观层面的建筑所处场地范围内的一切环境要素，又包括中观层面的建筑所处的城市环境，还包括宏观层面的建筑所处区域的自然环境和人文环境。这三方面构成的"环境"内容作为设计条件时，将会对设计构思给予某种启示，成为建筑方案设计构思的灵感来源。因此，可以将建筑物与场地环境的有机结合作为设计构思的首要出发点。如建筑大师贝聿铭设计的巴黎卢浮宫扩建工程基于对场地环境的系统研究后，为避开场地狭窄的困难和新旧建筑冲突的矛盾，将扩建主体部分置于地下，地面设置一个边长 35m、高 21.6m 的玻璃金字塔作为入口，巧妙地强化了建筑与周围环境的关系，将建筑与景观完整地融为一体（见图 3－14）。

图 3－14 卢浮宫扩建工程

别墅设计一方面受到环境条件的制约和影响，另一方面又反作用于环境，是由建筑向环境和环境向建筑不断调整的双向过程。别墅建筑所处地形或平坦或陡峭，或规则或奇形，通过顺应地形合理利用地形，将可以形成适势的建筑体量和丰富的建筑空间（见图 3－15）。

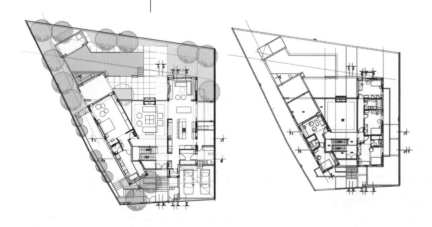

图 3－15 以色列 DG 别墅

3. 2. 2. 2　基于平面的设计构思

　　建筑平面本质上是对建筑功能的图示表达，同时又是对空间内外形态、结构整体系统等诸多设计要素的暗示，也是反映人的一种生活状态与方式。在别墅设计中，当我们系统地看待平面功能设计时，就会发现由于人的生理、心理差异性，人的行为复杂性，以及人的需要多样性而认识到平面功能设计创新性的重要。设计者在解决平面功能的常规设计基础上，需要从创造独特平面形式的立意出发积极开展设计构思。因此，利用平面功能设计进行设计构思是一种重要的创新构思渠道。如墨西哥建筑师路易斯·巴拉干为自己的住宅做的设计，采用了墨西哥传统的内向式平面布局，住宅一层设置家庭生活的公共区，二层主要是卧室，工作室、书房、卧室都是二层通高的，错层的楼板和高低不同的隔断形成了丰富的空间层次（见图 3 – 16）。

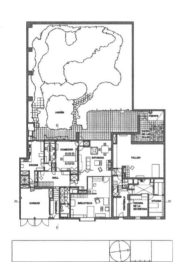

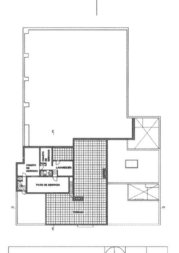

图 3 – 16　巴拉干自宅

3. 2. 2. 3　基于结构的设计构思

建筑设计赖以存在的物质基础就是结构与材料。在建筑设计中，设计者通过与其他专业工种的密切配合、协作，把结构作为设计构思的渠道，将会为设计创作提供新的契机。利用建筑结构进行设计构思，就是对建筑支撑体系和建筑外围护表皮等"骨架"系统，结合功能、经济、艺术等方面的要求，形成新的空间形态、建筑造型、围护界面，从而产生新的建筑美学（见图 3-17 和图 3-18）。

图 3-17　蓬皮杜艺术中心

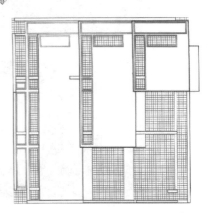

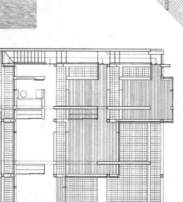

图 3-18　彼得·艾森曼 2 号住宅

3.2.2.4 基于造型的设计构思

建筑物最终是以独特的造型呈现在世人面前，而建筑造型作为理解空间的策略和体系，作为表现手段的概念和工具，必须要受到环境、功能、技术、材料等因素的制约，同时又要符合建筑艺术美的规律与法则。通常，设计者利用建筑形体组合、变化，或者运用表皮、符号、建构等设计技法与手段，综合其他设计要素，以达到符合设计意愿与目标的造型表达。因此，设计者可以通过赋予建筑造型以构思，将塑造具有新颖意念和文化内涵的建筑造型作为设计构思的起点（见图 3 - 19 和图 3 - 20）。

图 3 - 19 母亲之家

图 3 - 20 仿生建筑——墨西哥城

3.2.3　学生案例

学生案例一

　　邵清、朱彬峰、蒋瑾三位同学组成设计小组的设计方案是以光为主题（见图 3-21）。

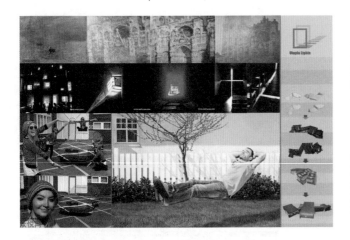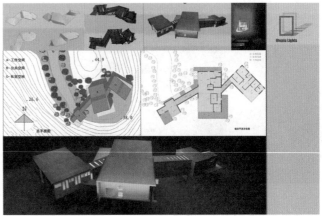

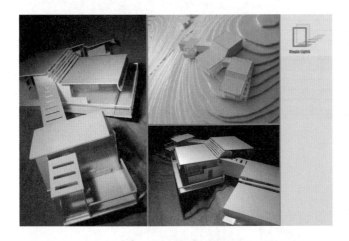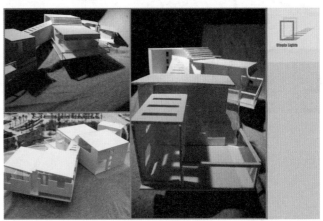

图 3-21　教学指导作品——邵清、朱彬峰、蒋瑾

感悟与心得：

由于对于长期绘画过程中对光的感受的沉淀，绘画大师莫奈、建筑大师柯布西耶、安藤忠雄对光的阐释让我们曾经深深地感动！于是我们带着这份期待，开始寻找属于我们自己的路。希望让建筑成为在光下成形的艺术综合体。

——关于过去：建筑作为一种在光下成形的艺术品，在一种光的偶然性和恒定性下结合的特定条件下的一个镜头，或成为人们的一个记忆片断，或成为人的一个印象，达到了其本身作为建筑形式的一种精神升华，达到了艺术品的层次，场景化的心灵冲击，达到了对于生命的反作用——唤起人们对自己。

——关于现在：随着这个时代不断的进步，科技变化的日新月异，可持续发展的理念不断深入，我们这个时代必须要利用一切可循环利用或者可再生无限制利用的资源。而光作为一种大自然生命的给予者，本身就是种随处可以取材的可再生无限制利用的资源，我们更应该紧跟着科技的水平充分利用。

——关于未来：英国科学家已经成功研制出了很好控制光的折射的晶体，而且有望应用到外墙涂料上，而这样的话就可以使得建筑外立面在晴天处于隐身状态，在阴天下呈现若隐若现的状态。在这个人类渴望飞翔，不断向航天领域突破等时代背景下，为人类以前不能实现的心理特征提供了一个可行的视觉方案，设想在一个采用这种新技术的建筑上，当人站在一个半开放的空间，无论是自己还是远观的人，仿佛飘在空中，达到一种符合新时代的特征的视觉方案，充分展现了新时代高新材料科学的发展，为建筑刻上鲜明的时代性，也满足了人类的一种以前不能满足的心理需求。

方案出发点：

由建筑内部功能分区与光形成条件为基础出发，结合地势，扩散到建筑外立面。进一步融合自然与解决新时代心理需求的视觉体验。

一开始我们只是仅仅拥有三个"BOX"，后来在拍摄草模的过程中，发现原来身边的胶片，正是"记录"和"显现"生活的重要载体。于是建筑的表皮就选择了"胶片"这一元素，试图贯穿墙体、地面与顶棚，连续性的功能组合、交通关系，便无形中成了建筑造型的"隐形"——这是最初预设的。

"我们搜索自己所在的城市——杭州，试图在杭州的城街小巷、春风秋雨、地标建筑中寻找一些蛛丝马迹，却意外地被在摇晃的公交车上的斑驳光影触动了我们心理的那根弦。……整个过程，我们都期待着揭开'她'面纱的那一刻，期待着那个结果能给我们什么。可是当今天傍晚，拍完最后一张片子的时候，才发现'她'并没有想象中的震惊，仅仅只是感动着我们三个。'她'没有给我们结果，而给了我们一个过程，在这个过程中我们哭过并笑着，失去着并得到着……"

——邵清、朱彬峰、蒋瑾

学生案例二

王佳琳、姚婷、闫少伟三位同学组成设计小组的设计方案是以触摸为主题（见图 3-22）。

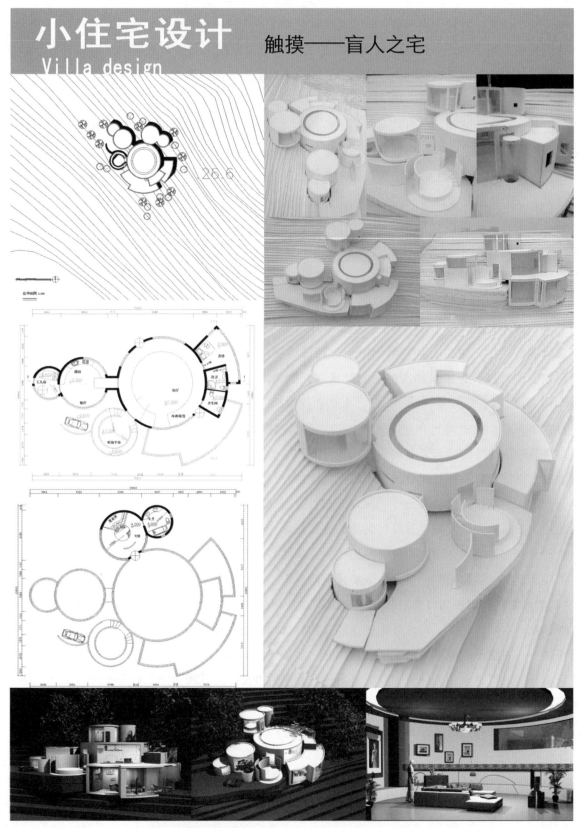

图 3-22 教学指导作品——王佳琳、姚婷、闫少伟

方案出发点：

由于地理位置和业主的特殊性，面对重重的问题我们开始思考，怎样让建筑很好的融合到地形中，怎样把业主的特征体现出来？通过不断的修改与整合，最终得出了今天的成果。

由于特殊的坡地，建筑采用三个梯度的布局将体块穿插于山体之中，这样不仅满足了建筑本身采光和观景的需求而且进一步强化了建筑与坡地的融合。在建筑室内空间的布局上，每个空间采用独立的建筑体块再通过廊道、坡道和电梯相互连接，三个梯度的纵向布局和横向的轴线布局相结合，很好地划分了私密空间、开放空间和半开放空间。

建筑的形态由功能推敲而来，别墅的业主为 55 岁左右的盲人作曲家，他对听觉、触觉的敏感性要高于常人，针对这一点，本设计特别注重把视觉感受转化为听觉感受。考虑到弧形墙面可使盲人业主避免碰壁的困扰，整个住宅大量运用圆形空间和弧面墙。特殊弧形墙面加强了声音的反射强度，使盲人能更好地接收各个方向传来的信息。室外听海平台的设置为盲人作曲家提供一个将"看海"转化为"听海"的灵感来源。在触觉感受上，我们为业主设置了与环形坡道相呼应的特殊符号盲文腰线，通过腰线不同的纹路对各个空间进行引导。

感悟与心得：

李布斯金曾经说过："合作的真正意义在于倾听别人，从别人身上学习，让他们从你身上学习。没有人能自己一个人兴建一个大项目。"从最初的"向大师学习"课题到最后的成果整合，从调研过程中发现的一个个奇妙的点线面到最后成形的建筑体态和设计概念，合作的精神始终贯穿于整个设计学习过程中。即使整个方案经历了七次大整改，遇到的新问题层出不穷，身体和心理上都承受着不同的压力，但是我们始终保持着积极乐观的心态，互相鼓励着解决每一个难题。我们始终把团队看作是前进的基础，以至于最后的成果呈现的是我们三个人共同的理想。当一切都将结束之时，我们回头发现似乎所有的都没有我们先前所遇见的那么艰难了，更多的是快乐——分担的快乐，分享的快乐。

3.3 设计展开

3.3.1 场地设计

在前期相关准备工作的基础上，接着就开始着手方案设计。从系统论的观点来看，方案设计应从整体出发，即以场地设计作为起点。以解决建筑与环境的矛盾作为方案设计起步阶段的主要事项，而场地条件又是矛盾的主要方面。因此，系统地把握场地问题是至关重要的。对别墅的场地设计主要解决两个方面的问题：一是主次入口的抉择；二是确定场地图的关系，即建筑形体的获得。

3.3.1.1 主次入口的抉择

人从城市道路进入场地及建筑内的路线方向不是随意设置的，而是要受到场地条件制约的。这就决定设计者首先要根据设计条件正确选择主次入口的方位。因为它的选择正确与否，直接关系到场地与城市道路的衔接是否合理，直接关系到场地内各种流线的组织是否有序，直接关系到建筑朝向、功能布局等一系列设计问题是否按正确方向推进。而如何正确地抉择主次入口的方位，则需根据具体场地条件具体分析。通常依据如下状况综合考虑而定：道路主次层级；外部人流主要流向与密度；建筑总平面设计意图与建筑布局；建筑内部功能的具体要求；城市景观环境设计的角度；相关设计规范要求；某种特定设计理念。

3.3.1.2 确定场地图底关系

任何建筑物都不可能占满整个场地范围，因而场地设计包括了建筑物本身与建筑物以外的场地两大部分。这就形成了场地内建筑物（图）与室外场地（底）两者间相互布局的关系，即图底关系。这也是将设计初期场地负责的设计矛盾简化成"图"与"底"两个设计矛盾，易于设计者整体把握场地大关系。

确定场地图底关系有两项任务需要把握以下两点：

(1)"图"的位置。

建筑物（图）在场地中所处的位置，要受到多种设计条件制约。比如，外部环境中规定的后退红线、日照间距、防火间距等规范要求，周边环境景观、设施影响下的功能空间布局要求，建筑类型、性质对室外场地的特定需求，场地的地形地貌的限制等。

(2) 形体的获得。

在确定场地图底关系中，除了对建筑位置的确定外，接着就是获得建筑形体。建筑形体的获得除了受制于场地外部条件外，还将涉及到设计者对设计目标的初步构思。对建筑形体的获得通常要考虑到建筑对通风、采光、日照等自然条件的需求，场地形状、坡度等客观环境，具体使用功能与技术条件的关系，以及设计者主观设计理念等。

另外，基于以上各种设计条件与因素的考量，获得的建筑形体不管如何变换多样，其都是从最基本的立方体、三角形体、圆台体等几何形体发展而来。这些基本形逐渐组合、切削、挤压、转换等进一步拓展形成与场地关系的呼应，同时初步形成具有一定形式逻辑的建筑形体（见图3-23）。

3.3.2 空间组织

经过场地设计阶段，在取得对场地主次入口设定和建筑形体塑造的阶段性成果基础上，就得考虑具体的建筑空间组织关系，并使之与环境、形体紧密结合，对空间关系的组织也是对建筑形体的再设计。别墅设计的空间组织通常是对具体功能空间的编排和对动线的梳理，综合起来就是形成具体的空间关系和空间组合（见图3-24）。

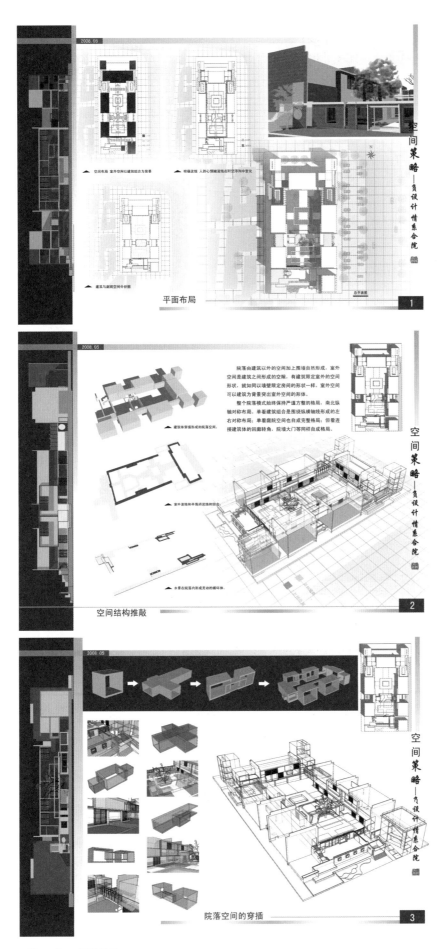

图 3-23　空间拓展

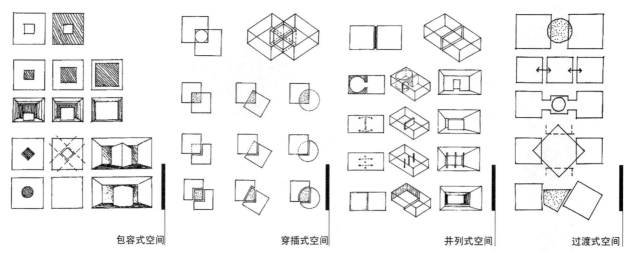

| 包容式空间 | 穿插式空间 | 并列式空间 | 过渡式空间 |

图 3-24 空间关系

3.3.2.1 空间关系

（1）包容式空间。

包容式空间即在一个大空间中包含一个小空间。两者之间很容易产生视觉和空间的连续性，达到既分又合的效果。在这种空间关系中，大空间作为小空间三维的背景而存在。要在大空间的背景下达到突出小空间的目的，可以采用形体的对比或方向的差异来达到（见图 3-25）。

图 3-25 坂茂纸建筑
（图片引自：邹颖、卞洪滨编著．别墅建筑设计．中国建筑工业出版社．2000）

（2）穿插式空间。

穿插式空间由两个空间构成，两者之间部分空间相互重叠、咬合成一个公共空间区域。当两个空间以这种方式贯穿在一起时，它们各自仍保持了空间完整性（见图 3-26）。

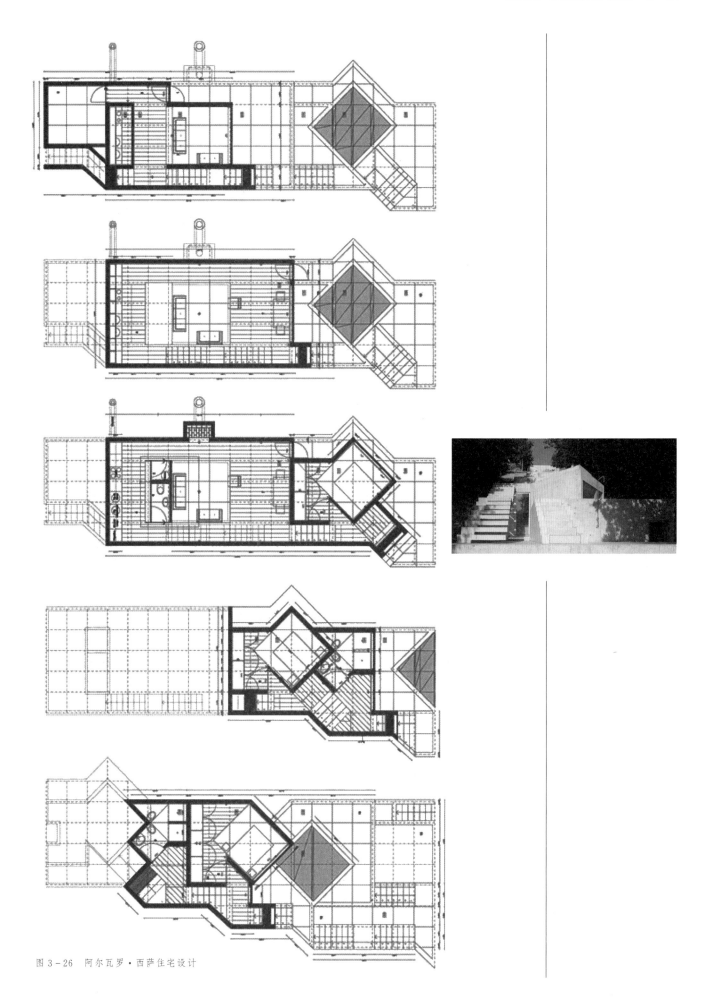

图 3-26　阿尔瓦罗·西萨住宅设计

（3）并列式空间。

两个空间并列是空间关系中最常见的形式。两个空间可以彼此完全分开，也可以具有一定程度的连续性，这要取决于既将它们分开又把它们联系在一起的面的特点（见图3-27）。

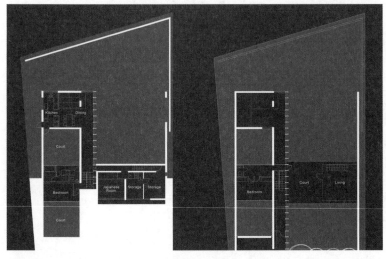

图3-27 WHY别墅

（4）过渡式空间。

相隔一定距离的两个空间，可由第三个过渡空间来连接。在这种空间关系中，过渡空间的特征有着决定性的意义。过渡空间的形式和大小，可与它所连接的两个空间不同，以表示它的连接地位。过渡空间可以采用直线形式，以连接两个相隔一定距离的空间，如走廊。如果过渡空间足够大，它也可以成为主导空间，可以将其他空间组合在其周围，如中庭就具有这样的功能（见图3-28）。

3.3.2.2 空间组合

建筑空间组合就是根据一定的空间性质、功能要求、体量大小、交通路线等因素将空间与空间进行有规律地组合架构，形成新的空间形态，其组合方式主要有集中式组合、线型组合、辐射式组合、组团式组合、网格式组合和流动式组合（见图3-29）。

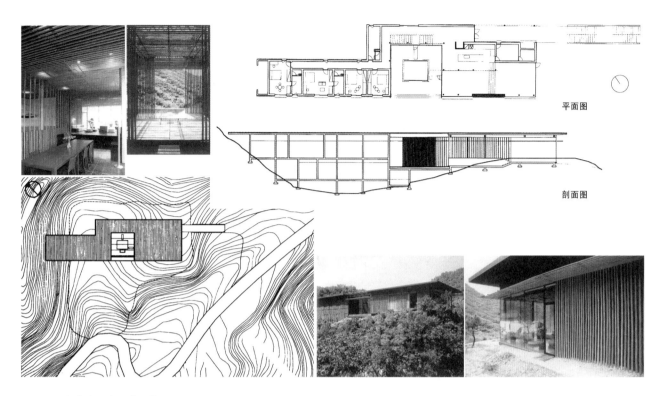

图 3-28　长城脚下的公社之竹屋

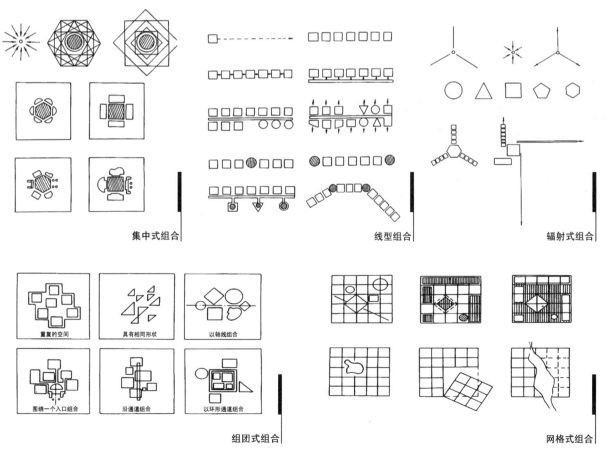

图 3-29　空间组合

（1）集中式组合。

集中式是一种极具稳定性的向心式构图。它由一个占主导地位的中心空间和一定数量的次要空间构成。中心空间在尺度上要足够的大，才能将次要空间集中在其周围。一般中庭空间和围绕它的小空间属于这种组合（见图 3-30）。如荷兰 B+O 建筑事务所设计的一乡村别墅，各个房间围着一个内院组织，起居室和厨房有大面的玻璃，使外面的景色能穿越进来，两条视线穿越建筑，把住宅内外结合起来（见图 3-31）。

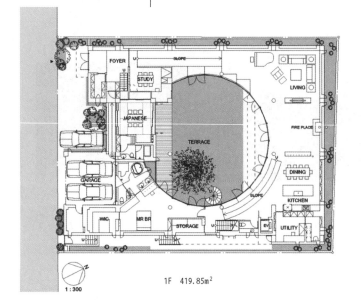

1F 419.85m²

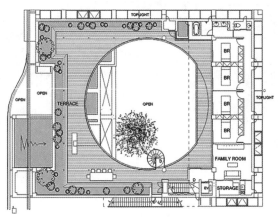

2F 118.49m²

图 3-30 日本镰仓 F 住宅

（2）线型组合。

空间的线型组合是将空间体量或功能性质相同或相近的空间按照线型的方式排列在一起，它实质上是一个空间系列。这种空间组合方式的最大特点是具有一定的长度，因此它表示着一定的方向感，具有延伸、运动和增长的特性。各使用空间之间可以没有直接的连通关系，相互之间既可以在内部相沟通，进行串联，也可以采用单独的线型空间（如走道）来联系（见图 2-32 和图 3-33）。

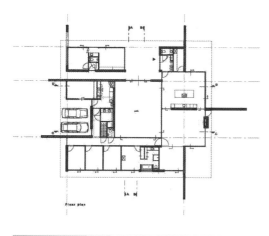

图 3 - 31　荷兰 B+O 建筑事务所乡村别墅

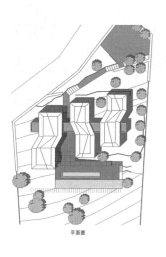

平面图

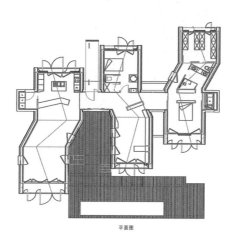

平面图

图 3 - 32　法国蒙特弗尔里耶镇住宅

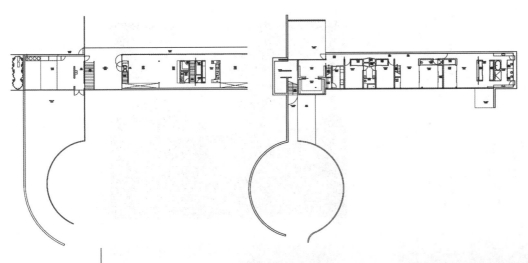

图 3 - 33 "桥"房子

（3）辐射式组合。

辐射式组合兼顾了集中式组合和线型组合的要素。它由一个主导中央空间和一些向外辐射扩展的线型组合空间所构成。其特点是线型组合部分具有向外的扩展性，它的几个线型部分可以相同，也可以不同（见图 3 - 34 和图 3 - 35）。

（4）组团式组合。

组团式组合通过紧密的连接使各个空间之间相互联系，这种组合方式的空间虽有大小，却没有主次之分，各个空间完全可以根据需要自由"生长"，具有最大的"自由度"（见图 3 - 36）。如 Camilo Restrepo 建筑师事务所设计的 DL 住宅，这座住宅沿着基地内树木之间形成的空间伸展，建造时对周边的树木没有一点破坏砍伐。房子的造型完全取决于树木之间形成的空间造型。建筑的空间按照居住者的使用要求被设计成了 4 个变化的单体，每一个体块相对独立。这些单体之间联系遵从的原则是哪一部分单体面向一棵树，则该单体的屋面就上翘一些。通过这种原则，住宅形成了多个起居空间（见图 3 - 37）。

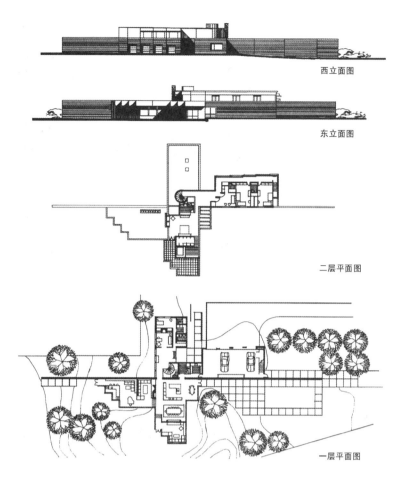

西立面图

东立面图

二层平面图

一层平面图

图 3-34　瑞文住宅

（图片引自：邹颖、卞洪滨编著．别墅建筑设计．中国建筑工业出版社，2000）

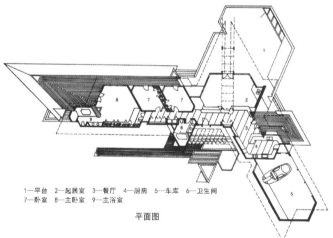

1—平台　2—起居室　3—餐厅　4—厨房　5—车库　6—卫生间
7—卧室　8—主卧室　9—主浴室

平面图

图 3-35　佳克莎住宅

（图片引自：邹颖、卞洪滨编著．别墅建筑设计．中国建筑工业出版社，2000）

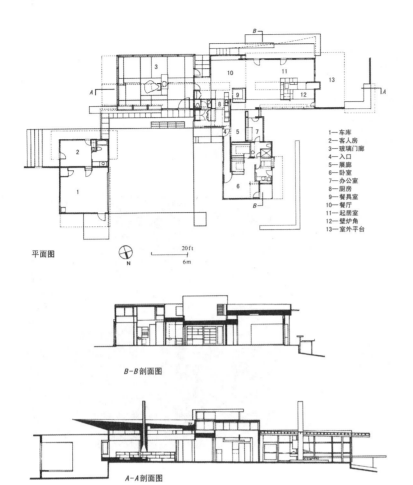

1—车库
2—客人房
3—玻璃门廊
4—入口
5—展廊
6—卧室
7—办公室
8—厨房
9—餐具室
10—餐厅
11—起居室
12—壁炉角
13—室外平台

平面图

20ft
6m
N

B-B剖面图

A-A剖面图

图 3-36 山岳住宅

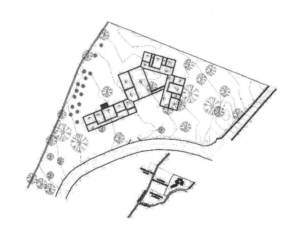

图 3-37 DL 住宅

（5）网格式组合。

网格式组合是所有的空间均通过一个三维的网格来确定其位置和相互关系，网格式组合方式具有极强的规则性。网格可以是方形网格，也可以是三角形或六边形网格。网格也可以变形，部分网格可以改变角度，来增加网格的规则性中的灵活性。就像平面构成图形中的"突变"，在统一中求变化。在建筑空间中，梁柱等结构体系最易提供网格。在网格范围中，一个空间可能占据一个格，也可以占据多个格。无论这些空间在网格中如何布置，都会留下一些"负"空间（见图 3 - 38～图 3 - 40）。

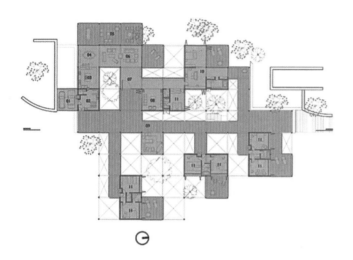

图 3 - 38　巴西网格住宅

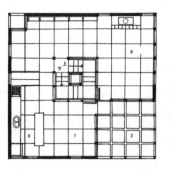

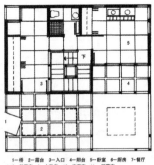

1—桥　2—露台　3—入口　4—阳台　5—卧室　6—厨房　7—餐厅
8—起居室　9—主卧室　10—家庭室　11—储藏室

总平面图　　　　　　一层平面图　　　　　　二层平面图　　　　　　三层平面图

图 3-39　假日别墅

（图片引自：邹颖、卞洪滨编著．别墅建筑设计．中国建筑工业出版社．2000）

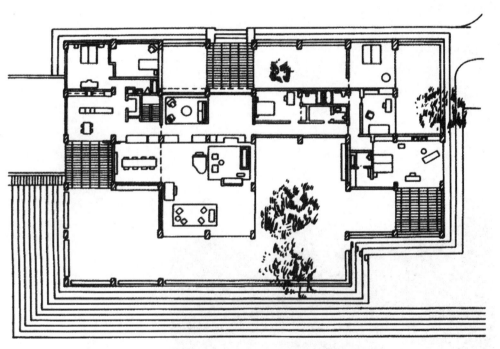

埃里克·勃逊纳斯一号住宅/菲利普·约翰逊（1965）

图 3-40　埃里克·勃逊纳斯一号住宅

（6）流动式组合。

流动式组合是将两空间交接部分的限定降到最低，直到取消这部分的限定。其特点是众多空间相互穿插、交接部分的空间限定模糊不清，"你中有我，我中有你"，各空间之间既分又合，具有"自由开放"的特征（见图 3-41）。如布尔诺的图根哈特别墅革命化的设计观念改变了住宅内部的传统安排，其最初的设计理念是"自由移动的空间"，所谓的自由可以假设为别墅面向花园而没有边界，可以逐步改变空间覆盖着大约 230m² 的遮盖物，并且两边的玻璃是完全开放的，建筑面对花园的玻璃墙体可以降低到地面以下，使起居室与大自然融合在一起（见图 3-42）。

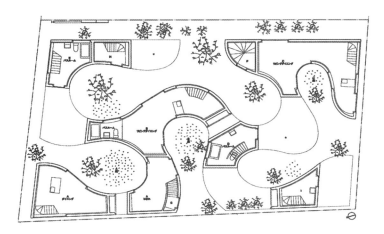

图 3-41　大仓山集合住宅

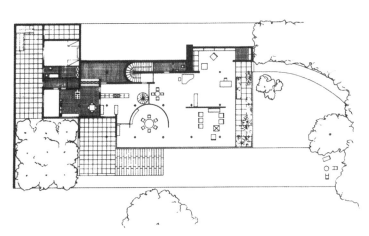

图 3-42　布尔诺的吐根哈特住宅

（图片引自：克里斯汀．史蒂西编．别栋住宅．大连理工大学出版社．2009）

3.3.3 界面设计

3.3.3.1 平面设计

平面设计是别墅设计中最基础、最重要的部分，也是别墅设计的起点。别墅空间的功能安排、交通组织和空间构成的合理与否，均依赖于平面设计的有效推进。

通常，平面设计须遵循以下几个程序：

（1）在对别墅设计的各个条件分析并进行合理的功能分区的基础上，以一定比例（如1：500）的平面草图表达大体的空间功能分区位置及构思的建筑层数等。

（2）以放大平面设计草图的比例（如1：100～200），进一步在平面图上清晰定位出主要功能空间的位置与大小，门厅、楼梯、走廊等交通组织方式等，协调各功能空间的序列和比例关系，排除主要空间的采光、景观、面积大小、长宽比例等缺陷。

（3）通过再次扩大设计图纸的比例（如1：50），结合对空间的构思进一步完善平面设计，细化平面设计形状，确定门窗位置与大小，空间与空间之间的区隔方式，房间的开闭方式，地面高差组织方式等。

3.3.3.2 立面设计

立面设计是以平面为基础的。通常，别墅立面是由平面由内而外生成、调整、优化而来的，反之，通过立面的调整可以进一步优化平面设计。别墅的立面是别墅建筑形体特征的最直接体现，其直接决定着建筑平面与形体的优劣。因此，立面设计通常可以从透视角度研究相邻立面间的关系，以合理的结构形式反映立面的布局，以及遵循一定的设计美学规律处理和完善立面形式。

3.3.3.3 剖面设计

剖面设计与立面设计相似，都是表达建筑空间垂直方向的空间关系，区别在于立面设计侧重表达建筑外界面，而剖面设计表达空间的内界面及建筑结构、构件的垂直断面，重点解决建筑室内空间与室外环境之间的关系。

在别墅的剖面设计中，要注意首层室内外的高差处理，各功能空间的垂直方向上的形式和尺度关系，不同空间楼面或地面的标高处理，楼梯的净高，门窗洞的位置和尺寸，结构体系与墙面断面的高度，上人屋顶、女儿墙或栏杆等方面的表达。

3.3.3.4 界面设计视觉规律

（1）比例与尺度。

比例与尺度是在建筑造型设计上应用最广、接触最多的概念，都是和数相关的规律。

比例是研究长、宽、高三向度的比较关系，它是严格的数学概念。比例反映在物体的整体与局部或各细部之间的诸如空实、大小、长短、宽窄、高低、粗细、厚薄、深浅、多少等保持着某种数的制约关系。这种制约关系中的任何

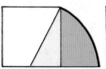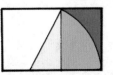

左至右：方形；底边中点和对角连线；将此斜线旋转；黄金矩形短边比长边是2:1+√5

图3-43 黄金分割

一处如果超出了和谐所允许的限度就会导致整体上的不协调。建筑设计中对比例关系的处理，首先处理好建筑物整体的比例关系。其次还要处理好各部分相互之间的比例关系，墙面分割的比例关系，每一个细部的比例关系（见图 3－43～图 3－45）。

　　尺度是事物之间的相对尺寸。建筑尺度主要是建筑物的整体或局部给人感觉上的大小印象和其真实大小之间的关系问题。利用熟悉的建筑构件（踏步、栏杆、阳台、槛墙等）去和建筑物整体布局作比较将有助于获得正确的尺度感。大而不见、小题大做，都是尺度失衡的反映。

　　人是建筑真正的测量标准，人体的尺寸与人的活动是决定建筑空间大小的主要因素，建筑的尺度最终要根据人体活动空间的变化而变化。因此，以人体尺寸作为比较尺寸，也就是"人体尺度"（见图 3－46）。建筑所形成的空间为人所用，建筑内的设施家具亦为人所用，因而人体尺寸、家具尺寸、人体各类行为活动以及心理所需的空间尺寸是决定建筑开间、进深、层高、设施大小的最基本尺度。建筑空间整体与细部和人体之间在度量上的制约关系，有着新切尺度、自然尺度、夸张尺度等相对关系（见图 3－47）。

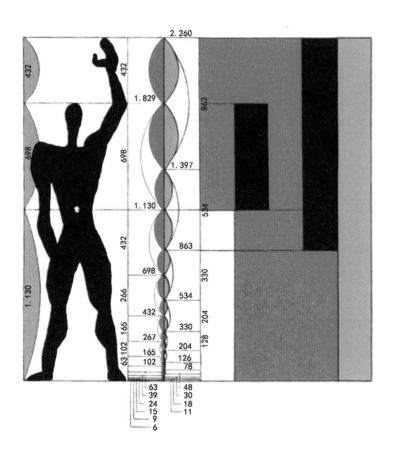

图 3－44　勒·柯布西耶的人体"模数"体系

图 3－45　尺度与比例

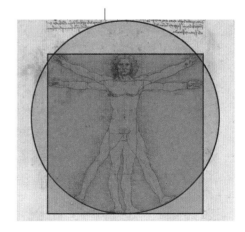

图 3－46　圆周内的人形

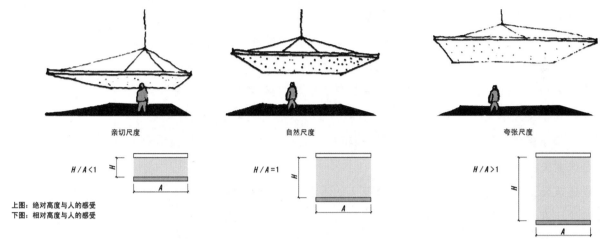

亲切尺度　　　　　　　　自然尺度　　　　　　　夸张尺度

$H/A<1$　　　　　　　$H/A=1$　　　　　　　$H/A>1$

上图：绝对高度与人的感受
下图：相对高度与人的感受

图 3 - 47　人体尺度

不论建筑空间呈现何种形状，均存在长、宽、高的度量，这是空间的绝对尺度，这种关系相互作用又体现出空间的整体与细部之间的相对尺度。空间的绝对尺度与相对尺度直接影响着人对空间的感受（见图 3 - 48）。

A：窄而高的空间，由于竖向的方向性比较强烈，会使人产生向上的感觉，激发出兴奋、自豪、崇高和激昂的情绪。欧洲的许多古典教堂很好地运用了这类空间的特性。

B：细而长的空间，由于纵向的方向性比较强烈，可以给人以深远之感。这种空间诱导人们怀着一种期待和寻求的情绪，空间深度越大，这种期待和寻求的情绪就越强烈。这种空间具有引人入胜的特征。

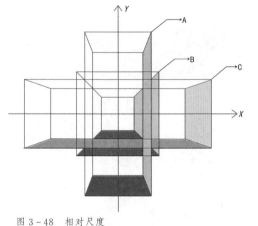

图 3 - 48　相对尺度

C：低而大的空间，可以使人产生广垠、开阔的博大的感觉。但如果这种空间的高度与面积比过小，也会使人感到压抑和沉闷。

（2）对比与统一。

对比与统一是相对存在的。建筑造型艺术表现上要遵循变化与统一的规律。没有对比会使人感到单调，过分地强调对比以至失去了相互之间的协调一致性则可能造成混乱。

对比是要素之间显著的差异性和多样性，而统一则是构成建筑造型的各部分之间内在联系和完整性。对比与统一是建筑构图中最基本的问题，建筑造型的对比与统一通常表现在同一性质的差异之间，如高低、形状、方向、敞闭、大小、长短、高低、粗细、方圆、虚实、动静、色彩、肌理、光影明暗等方面。对多种不同空间的组合时，可采用寻找各个空间造型上的内在联系进行强化，以求得变化中的统一（见图 3 - 49）。

（3）均衡与稳定。

实际上的均衡与稳定和审美上的均衡与稳定是两种不同性质的概念。前者属于科学研究的范畴，与力学原理相联系；后者属于美学研究的范畴。我们这里讲的是后者，即审美上的均衡与稳定，受前者的影响在人的思维概念上形成的心理安全意识形态。表现在建筑造型的左右、前后、上下间保持平衡的美学特征。

图 3-49　对比与统一

　　稳定就是物体的重心位于物体支撑面以内，形象上的稳定让人感到不会倾倒，有安全感。体量、图形、色彩、质感等因素都会对形象的稳定产生影响。均衡有两种形式，一种是静态均衡方式，另一种是动态均衡形式。静态均衡即对称，本身体现出一种严格的制约关系。动态均衡即打破对称形式，用不等质和不等量的形态求得非对称形式，维持视觉上的稳定（见图 3-50）。

　　（4）主从与重点。

　　主从关系是整体与局部之间的构成法则。建筑空间是由若干要素组成的整体形态，每一要素在整体中所占的比重和所处的地位将会影响到整体的统一性。倘使所有要素都竞相突出自己或者都处于同等重要的地位，不分主次，这些都会削弱整体的完整统一性。从仿生学观念出发，自然界植物的干与枝、花与叶动物的躯干与四肢都呈现主从差异，由于有了差异的对立，才成为一种统一协调的有机整体。

图 3-50　均衡与稳定

　　在主从与重点这对美学法则中我们要认识视觉重心的概念，由于人具备视觉焦点透视的生理特点，任何形体的重心位置都和视觉的安定有紧密的关系。因此，为了达到突出环境的特征，把握好主从关系是很重要的手段。建筑空间的位置、朝向、交通、景观等对于

图 3-51 主从与重点

图 3-52 节奏与韵律

功能要求不同而产生主从与重点之分。为了加强整体统一性，各组成部分应该有主从区别（见图 3-51）。

（5）节奏与韵律。

节奏与韵律在原理上与音乐、诗歌之中的音调起伏和节奏感有相通之处。空间构成要素作长短、强弱的周期性变化产生节奏。韵律是构成要素在节奏的基础上更深层次的有规律的变化统一造成的视觉美感。节奏是韵律形式的纯化，韵律是节奏形式的深化。韵律按其形式特点可分为连续韵律（运用一种或几种要素连续、重复地组织安排产生韵律感）、渐变韵律（将连续的要素某一方面，如大小、高低、轻重等，按一定的秩序作增减、变化）、起伏韵律（强调某一元素的变化，这种韵律较活泼而富有运动感）、交错韵律（运用各种造型因素，如空间虚实、细部疏密等手法，做有规律的纵横交错、相互穿插的处理）（见图 3-52）。

3.4 设计表达

按照功能及形式的不同，别墅设计表达方式通常可分为设计说明、设计草图、设计图纸、三维透视图及工作模型等（见图 3-53）。

3.4.1 设计说明

别墅设计的设计说明大体包括以下内容。

（1）基本概况：项目名称、项目地址、基地情况、设计规模、技术指标等。

（2）设计构思：主要包括设计的依据、概念、原则与创意等。

（3）建筑空间及景观设计：这部分是设计说明的重点，需要系统翔实地介绍场地设计、总图设计、平面设计、立面设计、剖面设计、建筑材料与技术、造型、风格及空间细节等。

图 3 – 53　教学指导作品

3.4.2　设计草图

　　设计师在设计最初及整个设计过程中，均用绘制草图的形式，来记录自己对设计的思考、起始、修改、取舍，草图包含了与设计目标相关联的信息，可以说草图是"凝固"思考成果的过程。同时，设计草图也是一种沟通交流的工具，有利于设计师的自我交流以及与他人的交流，进而达到有效的沟通。

　　别墅设计中绘制的草图通常可以分为探索型草图和表达型草图两种。

　　(1) 探索型草图，主要指在设计过程中，为寻求设计解答方案而作的带有强烈个人特征的"图示"，是发散思维方式的再现，他人不易识别，但蕴含着设计走向的"玄机"。

　　(2) 表达型草图，是指为了表达设计理念、策略、解析过程而绘制的能传递清晰、明确信息的草图。

这两种方式的草图之间是互动且相互渗透的。任何一张草图也均不会是纯粹的探索或表达，只是在不同的阶段有不同的作用而已（见图 3-54）。

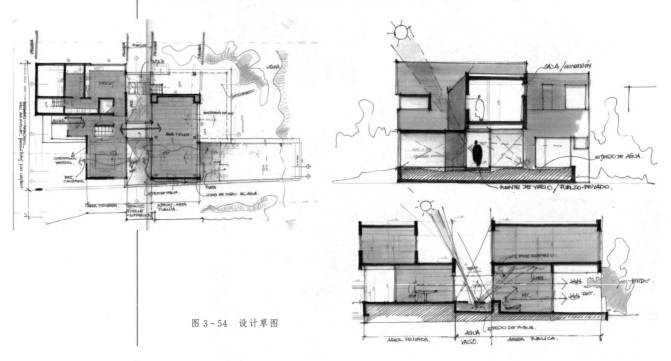

图 3-54 设计草图

3.4.3 设计图纸

设计图纸通常是以二维形式解释建筑（空间）想法的精确图形，以一系列抽象的投影图示（总平面图、平面图、立面图、剖面图、细部详图）来描述设计对象。设计图纸是作为建造依据的绘图，也是记录设计成果的载体，具有高精确性和绘制规则要求。设计图纸由于遵循规范的制图原则，所以可以成为一种通用的设计语言符号（见图 3-55 和图 3-56）。

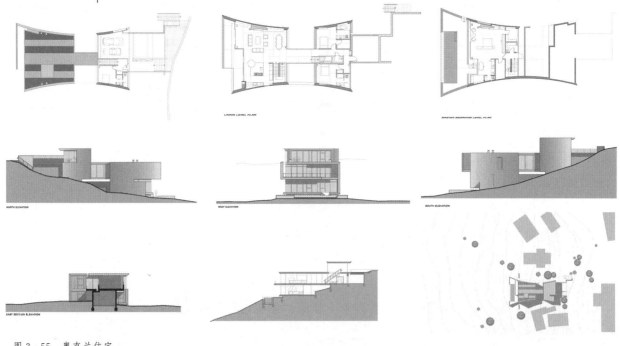

图 3-55 奥克兰住宅

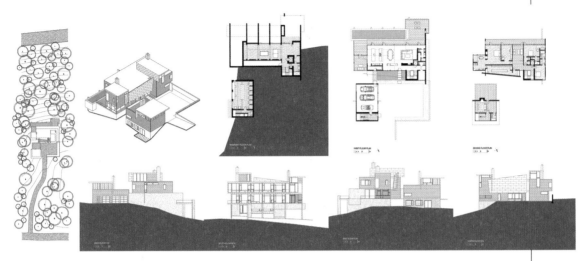

图 3-56　Wissioming 住宅

3.4.4　三维透视图

三维透视图比二维图更能表明空间形象的图像。透视图可以从任何特定的点来观测建筑，45°轴测图与30°轴测图也是一个特定的点作为视点来绘制的三维图像（见图 3-57 和图 3-58）。

别墅设计

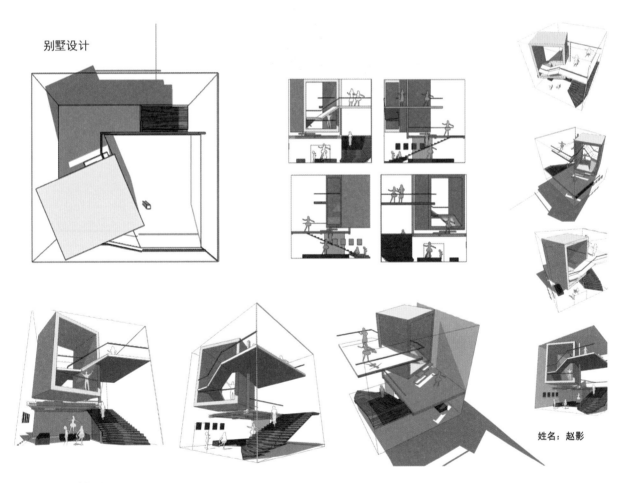

姓名：赵影

图 3-57　透视图

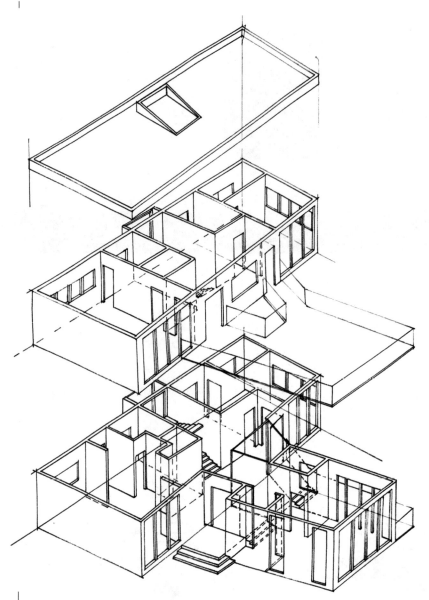

图 3－58　轴测图

3.4.5　工作模型

　　模型这一传统方式，直到今天也没有被数字表达技术取代。别墅设计过程中，对草模的推敲，将更有助于设计方案的进一步亮化，它与设计草图的作用相似，是"脑、眼、手、模"的交互反馈过程。

　　工作模型可称为研究类模型，以较廉价的材料，如厚纸板、KT 板、薄木板、泡沫板、有机玻璃、金属等，快速地将设计方案以三维的方式制作出来，主要用于设计过程的推敲。通常用以判断设计方案的视觉效果、空间尺度、功能布局、交通流线等。

　　工作草模的作用，是深入验证通过设计草图形成的设计构思和方向，在工作草模上增减、调整设计构思，能形象地得到不同的方案比较，这是草图所不能及的。草模既可以研究建筑空间的大环境，也可以推敲某一细部节点（见图 3－59）。

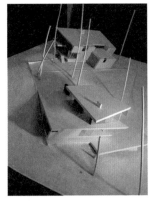

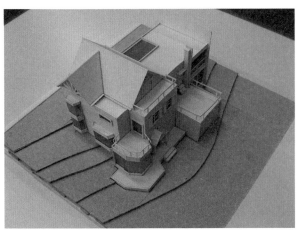

图 3 - 59 工作模型

模型拍摄需要注意以下几点：

(1) 调整视角，用白色或黑色板作背景，更好地衬托出模型。

(2) 以户外天空为背景拍摄，增加真实感。

(3) 人工投光的方式调整成真实的光照角度。

(4) 保证取景框中没有影响模型尺度感的元素与物体。

(5) 从模型的各个角度来拍摄，从全景到细部，形成一系列的模型照片。

(6) 拍摄模型制作过程，展示设计发展的过程。

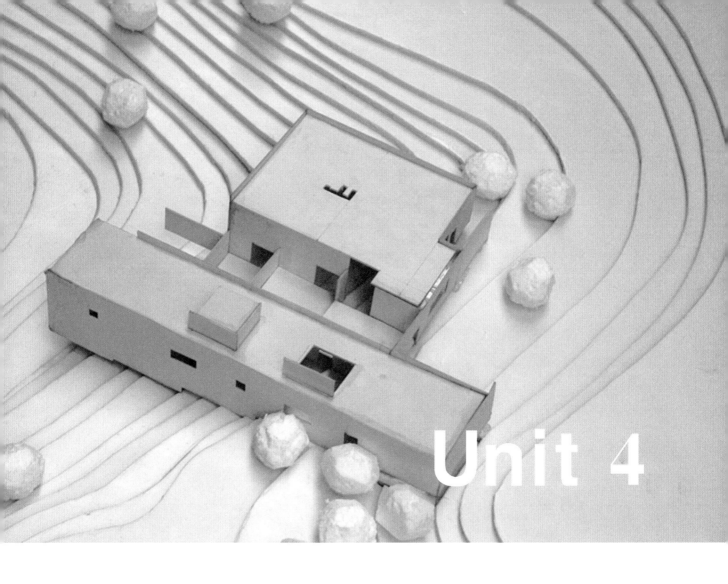

Unit 4

第 4 单元 课题实践

4.1　课题概况

4.1.1　单项命题训练

4.1.1.1　解析建筑——向大师作品学习

本单元的课程讲解与命题训练可以帮助学生在学习过程中准确地把握别墅建筑发展过程中各种思潮的流变，可以引导学生认识与了解大师的建筑思想、语言表达与创作历程，在大师作品的引领与滋润下，建立独立的学术人格和价值判断平台，为今后的人生成长奠定基础。

所谓解析建筑就是要求学生在分析建筑过程中具备独特观察视角和研究方法，把被分析的建筑从不同层面逐层分解，努力寻找该建筑的创作思想和它形成的逻辑概念，找到建筑发展的脉络。解析的具体项目：建筑师的背景、建筑的概况、建筑空间体系、建筑结构体系、建筑立面体系、建筑交通流线体系、建筑材料运用与细部处理等。

解析的具体方法应根据建筑物具体的构成情况，采用水平解析、垂直解析或体块解析。水平解析相对采用较多。空间解析的表达方式一般通过图解（平面图、立面图和轴测图）、计算机建模和实体模型制作（见图 4-1）。

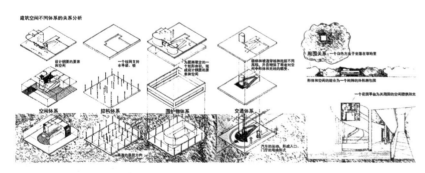

图 4-1　空间解析

◎**以萨伏伊别墅的解析为例：**

（1）建筑师的背景。

柯布西耶是 20 世纪建筑界重要的人物之一（见图 4-2）。柯布西耶以其革命先锋的姿态屹立于现代主义建筑的中心，他提出"住宅是居住的机器"的口号，机器美学原则成为现代主义建筑的基石。1926 年他提出了"现代建筑五要素"，即：底层架空、自由平面、自由立面、带形长窗、屋顶花园，公然与建筑的古典范式彻底决裂。其代表作有朗香教堂、马赛公寓等（见图 4-3 和图 4-4）。柯布西耶对宏伟的帕提农神庙的崇拜，使他的建筑充满在古希腊的立体感和力量感。

图 4-2　柯布西耶

图 4-3　朗香教堂

图 4-4　马赛公寓

（2）建筑的概况。

　　建筑的概况包括建筑的形体特征、与场地关系、业主、建筑面积、建造年代、基本用途及建造形式和材料等等。萨伏伊别墅坐落在巴黎近郊的普瓦西的四面环绕森林的平缓草地之上。是柯布西耶于 1929—1931 年间为担任保险公司董事的皮耶·萨伏伊先生设计建造的用于家人和朋友周末度假的别墅。建筑占地规模将近 5 万 m^2，别墅宅基为矩形，长约 22.5m，宽为 20m，共三层。萨伏伊别墅的形体简单，外观轻巧，空间通透，与造型沉重、空间封闭、装修繁琐的古典豪宅形成了强烈对比。这是一座 20 世纪最著名的体现当时特定精神的少数几个建筑之一，但是由于建成之后漏水和中央暖气系统出状况等问题，业主在其间只生活了几个月的时间……（见图 4-5 和图 4-6）。

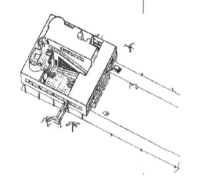

图 4-5　萨伏伊别墅

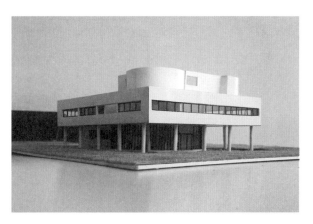

图 4 - 6 萨伏伊别墅模型 (陈瑶、洪文静制作)

（3）建筑空间体系。

建筑空间体系包括建筑功能组织与平面分析。萨伏伊别墅虽然外形简单，但内部空间复杂，如同一个内部精巧镂空的几何体，又好像一架复杂的机器。底层利用柱子将建筑挑空，而从第二层柱子用玻璃围合了门厅、车库和佣人房等功能空间，主要的起居室、卧室、厨房、餐室设在二层，三层是平屋顶做成的屋顶花园。萨伏伊别墅平面严格被基准线控制，表现出它功能的一面（见图4-7～图4-10）。

（4）建筑结构体系。

萨伏伊别墅采用了钢筋混凝土框架结构，承重柱立于网格交点上，平面、立面从承重结构中解放出来。空间布局自由，空间相互穿插，内外彼此贯通（见图4-11）。

（5）建筑立面体系。

萨伏伊别墅的外墙比柱子的外缘进一步挑出，立面仿佛从承重结构浮凸出来，强调了建筑凌空飞架的态势，绝好地隐喻了技术帮助人类挣脱自然束缚的意义。建筑立面的黄金比例分割，使建筑立面平阔舒展、光洁，给人以视觉美感。立面遵循12°的基准线，控制了楼层和主要部分的大划分，也控制了中央坡道的坡度、条形窗的位置、窗格的大小等（见图4-12）。

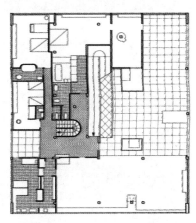

二层平面图

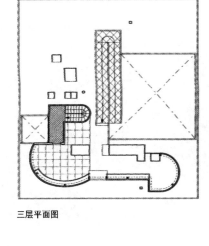

三层平面图

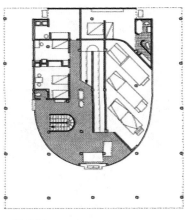

一层平面图

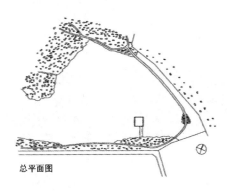

总平面图

图4-7 萨伏伊别墅平面图

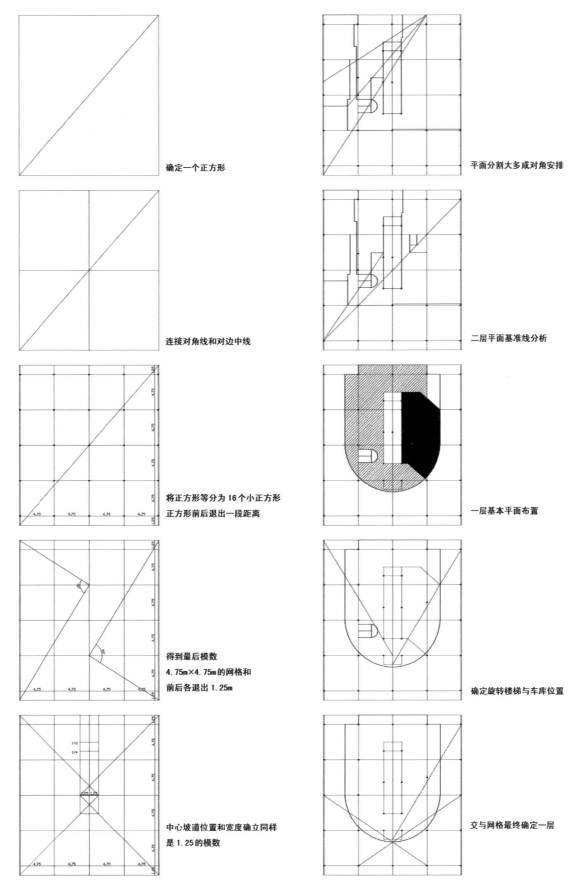

确定一个正方形

连接对角线和对边中线

将正方形等分为 16 个小正方形
正方形前后退出一段距离

得到最后模数
4.75m×4.75m 的网格和
前后各退出 1.25m

中心坡道位置和宽度确立同样
是 1.25 的模数

平面分割大多成对角安排

二层平面基准线分析

一层基本平面布置

确定旋转楼梯与车库位置

交与网格最终确定一层

图 4－8 萨伏伊别墅平面基准线

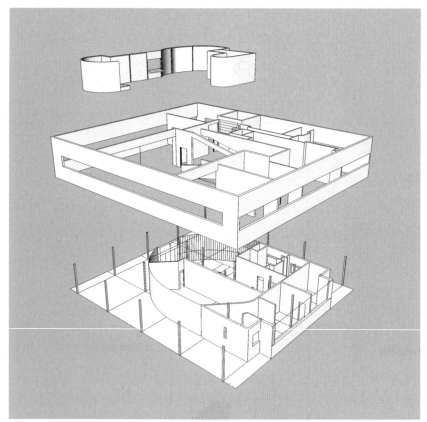

图 4-9 萨伏伊别野的功能组织

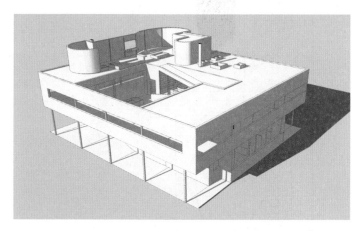

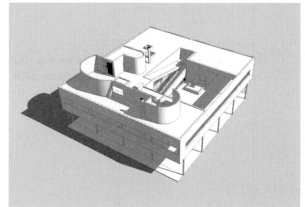

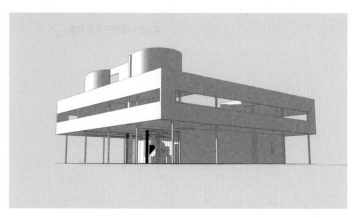

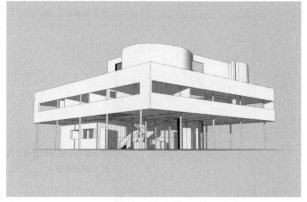

图 4-10 外观结构

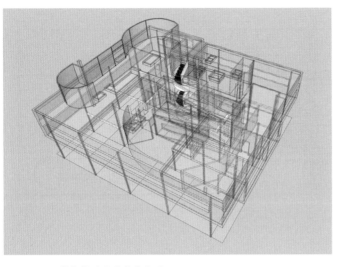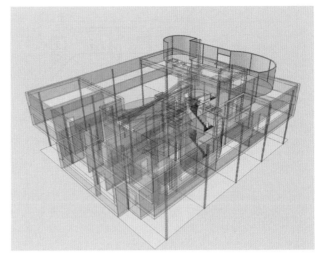

图 4 – 11　萨伏伊别墅的结构体系

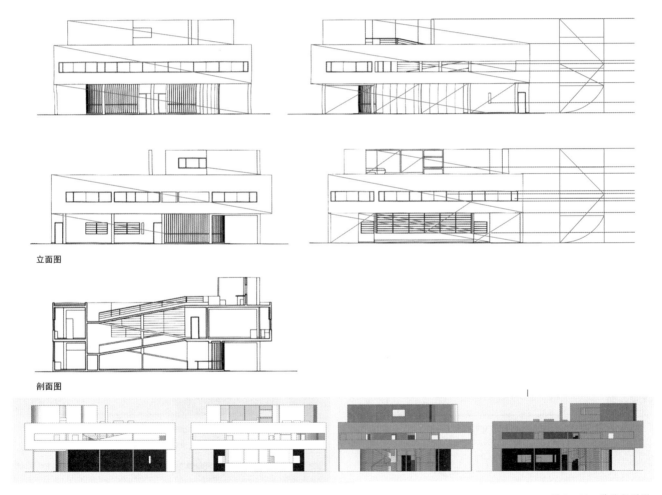

立面图

剖面图

图 4 – 12　萨伏伊别墅
立面体系

(6) 建筑交通动线体系。

　　萨伏伊别墅的内部交通流线不是直趋捷径，而是在曲折的流线中体验空间的多样性。为了强调空间的自由流动，柯布西耶在萨伏伊别墅室内使用螺旋形的楼梯和贯穿于各层的中央坡道打破了传统单元房间之间的关系，坡道的扶手用雪白的实心栏板，这条白色螺旋曲线贯通着楼内各层，让视线在各个楼层之间连贯流动起来（见图 4 – 13）。

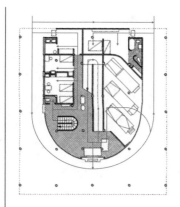

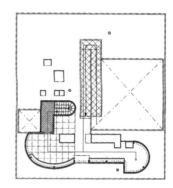

图 4-13　萨伏伊别墅交通流线

（7）建筑材料与细部处理。

萨伏伊别墅采用框架结构作为承重体系，建筑外墙围护结构是填充墙的空心砖，采用白色粉刷。建筑表面平整，形体也比较简单。然而从不同的方向看过去，都可以得到完全不同的印象，这使建筑外观显得甚为多变。这种不同不是刻意设计出来的，而是其实内部功能空间的外部体现。在这座建筑里面，我们可以看到现代主义建筑精神的体现，包括简单的外部装饰和对使用功能的重视。

4.1.1.2　优秀设计案例调研与收集

（1）选择所处城市或周边城市中某一风格特征的别墅设计进行实地考察与分析，以 Power Point 或 JPG 文件来课堂讨论，画面数不少于 20 个，讲演时间每组 30 分钟。

（2）通过网络、纸质等途径，收集具有典型意义的别墅设计案例，进行系统分析，加深对相关知识的理解，形成小型研究报告（见图 4-14）。

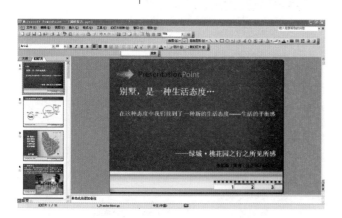
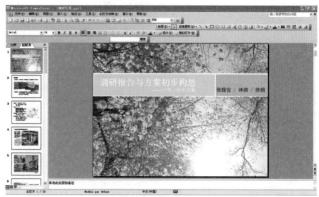

图 4-14　调研汇报

4.1.1.3　空间建构

空间建构是通过空间基本形（点、线、面、体等）和基本形的组合来完成的。将空间的形式逻辑进行抽象还原，界面是空间最基本的要素，限定与组合是空间建构的最基本方式。基于此观点，本单元设置"空间建构"的命题训练，从最基本和最单纯的形式层面进行空间建构以成为建筑的雏形。

（1）在9m×9m的平面范围内，通过基本元素的限定，体会空间建构的方式——限定，每组方案4个（见图4-15）。

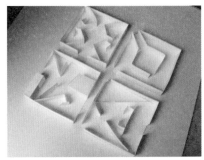

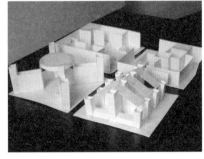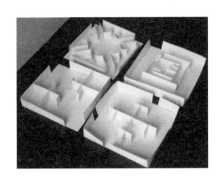

图4-15　教学指导作品——陈芝旭

（2）在9m×9m×9m的三维空间内，通过基本单元的分割与组合设计，赋予空间一定的功能，熟悉人体尺度与活动空间之间的关系，掌握空间建构的基本原则，形成空间的大与小、开与闭、方向、层次等关系，创造具有个性的空间形式。每组方案2个（见图4-16）。

4.1.1.4　设计"图语"收集

设计是无中生有，是将不可能变为可能，对生活状态我们要有自己的提问，我们要善于从生活常态中发现不寻常处。

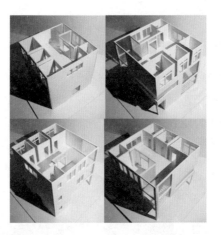
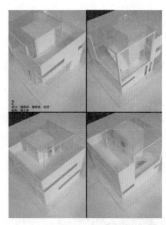

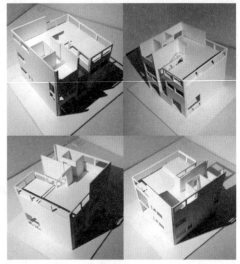

图 4 - 16 教学指导作品——马莉、关明淋、陆凯悦

　　本单元的课程讲解与命题训练可以帮助学生在学习生活过程中，建立对生活足够的探奇心和关注力，对未知知识和社会事态有足够的求知欲和敏感度，成为一个热爱生活、享受生活的人，一个执行力较强的人，一个善于思考的人。在进行建筑与环境设计时，能超越专业领域限制跨学科研究事物，善于打开视野、观察生活，从生活的各个层面与领域寻求设计母语，准确把握设计定位与主题切入。

　　提示：

　　·通过影像记录当代城市"图像"文化并对其典型特征进行分析。

　　·从自己熟悉的生活场景中观察和记录具有"典型"的生活图语进行分析。

　　·从形式导入，锁定一个视觉元素，向形态纵深锤炼和设计应用拓展。

　　(1) 主题设计语言调研。

　　从自然、音乐、舞蹈、绘画、文化、文字等形式中寻找诸如与"流动/静止"(相对极，如：冷/暖、软/硬、轻/重、大/小、曲/直、粗/细、疏/密、长/短、高/低、明/暗、紧张/松弛、具象/抽象、有机/无机、变化/统一、华丽/朴素、光滑/粗糙、个性/大众、自然/人工、感性/理性……) 有关的图语灵感，通过形态、色彩、材质、光影、技术等一切体验方式中了解主题词语所体现的相关语境，并通过图片和简要的分析文字加以展示 (见图 4 - 17)。

（2）通过前面调研的代表"流动/静止"的众多视觉细节与要设计的建筑空间相关联的视图配以简要的关键词，组成图表或坐标，形成设计语言构思的"情境架构"。

（3）把上述设计语言构思进行提炼，形成纵向与横向的形式，选择有"可能"切入的元素进行锤炼与拓展，运用到别墅造型设计中。

4.1.2　主题别墅设计实践

在课程实践初始，教师解释设计要求和环境条件之后，让学生组成设计团队，自己编制设计任务书、设计进度表与设计图解形式，进行实验性的设计教学模式。此时，学生承担设计策划、设计执行的角色，教师充任业主、"旁观者"和引导者的角色，充分调动学生的设计创作激情。

4.1.2.1　教学要求

通过在给定基地上进行一个建筑面积在 250～300m² 的别墅设计，培养学生运用空间构建的各种手法、结合具体功能要求和面积指标进行设计构思的能力，把握建筑与基地环境的相互关系，研究建筑外部形体和内部空间的特征与联系，了解基本建造方式，掌握建筑图纸表现与模型表现的方法，让学生能真正关注建筑与文化、艺术、历史、经济等相关领域的关系。

（1）基地（一）背景。

本基地是实地设计项目。深圳东部大鹏湾绵长的海岸线上，闪烁着一颗灿烂的明珠，这就是素有"东方夏威夷"美誉的著名海滨旅游景区——小梅沙。小梅沙三面青山环抱，一面海水蔚蓝，一弯新月似的沙滩镶嵌在蓝天碧波之间。环境幽雅，空气清新，秀山美水给小梅沙增添了许多灵秀之气，慷慨的大自然把她造化成都市人理想的海滨旅游度假胜地。阳光、沙滩、海浪，吸引着成千上万的弄潮儿前来搏击大海。风格各异的景区建筑物掩映在绿树丛中，成行的椰林在微风中沙沙作响，海滩上五彩缤纷的太阳伞如绽开的鲜花，风驰电掣般的摩托艇在蓝蓝的海面犁出白色的浪花，迎风摇曳的水上降落伞时起时落，沙滩上、海面上嬉戏的人群欢歌笑语不绝于耳（见图 4-18）。

（2）基地（二）背景。

本基地为虚拟基地设计项目。单个基地范围南北长 30m，东西长 20m，自北向南成缓坡，高差达 1.5m，整个用地由多个基本用地范围呈东西向复制排列，用地前有宽 9m 城市道路。学生按学号或喜好自行选择某一基地，但要求要与两侧基地协商处理场地进行设计（见图 4-19）。

图 4-17　主题设计语言

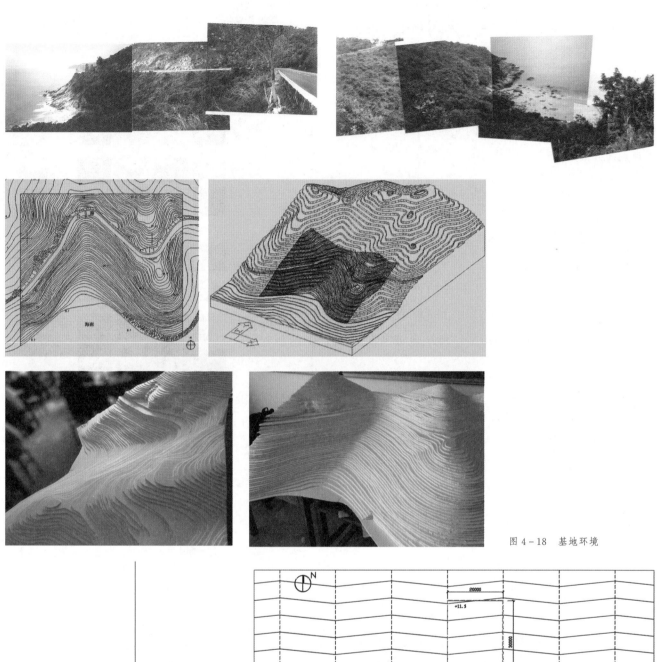

图 4 - 18 基地环境

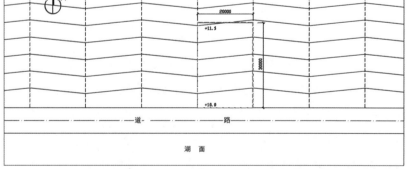

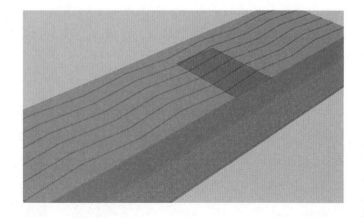

图 4 - 19

4.1.2.2 设计内容（供参考）

主要空间：客厅 30～40m²、餐厅 15～20m²、厨房 8～12m²、起居室 15～18m²、书房 12～15m²、主卧 15～20m²、主卫 7～10m²、更衣室 4～5m²、次卧 12～15m²、次卫 5～6m²、工作室 20～40m²。

辅助空间：工人房 5～6m²、洗衣房 10m²、储藏室 5m²、车库 30m²、客房 10m²、客卫 4m²。

交通空间：门厅、门廊、走廊、楼梯、坡道等。

4.1.2.3 课程计划

合理的课程设计计划，是完成设计任务的基本前提。根据专业建设与学分制的相关要求，本课程以 80 学时分 5 周的教学周期进行教学展开。每个学校根据自身情况可适当调整，仅作参考。

本课程总体推进按照理论讲授、学生案例收集与市场调研发表、工作室观摩、小组讨论中期改图、分段成果发表评图、设计成果展示与评价等程序（见图 4 - 20～图 4 - 26）。同时，我们在课程中导入"周进制"设计评价的课程进程（见图 4 - 27），以知识单元为教学模块，融入课题实践中。使学生在整个学习过程中真正做到随时有任务，随时有进展，随时有收获（见表 4 - 1）。

表 4 - 1　　　　　　　　　课　程　计　划

第一周		第二周		第三周		第四周		第五周	
课内	课外	课内	课外	课内	课外	课内	课外	课内	课外
课程解读、分组讨论、成果汇报	资料收集	建筑基本问题讲解、空间建构分析、点评	优秀案例收集、空间建构制作、市场调研	设计程序与方法讲解、课题实践讲解、设计图语锤炼与拓展（草图）、中期讲图一	实际案例考察、设计工作室观摩、方案构思	方案构思演示与点评、平面布置与空间形式、草模推敲、中期讲图二	设计构思与制作	建模、手工模型与二维图纸调整、点评	设计成果表现

图 4 - 20　理论讲授

图 4 - 21　工作室观摩

图 4 - 22　中期改图

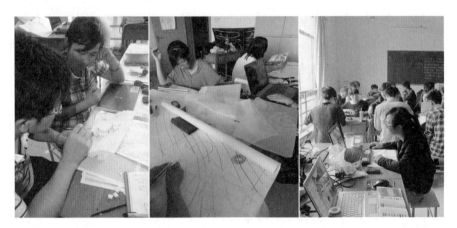

图 4 - 23　小组讨论

图 4 - 24　分段讲图

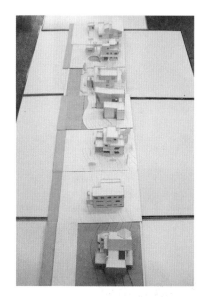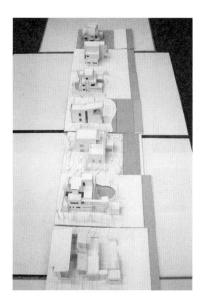

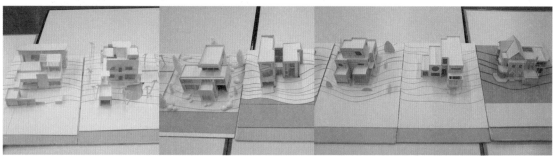

图 4 - 25　成果展示

图 4-26　成果评价

设计任务	月	日	月	日	月	日	月	日	月	日	月	日	月	日	存在的主要问题	拟解决的方法
理念学习																
调研分析																
调研发表																
案例搜集																
案例分析																
设计定位																
手绘分析																
设计发展																
成果发表																

图 4-27　周进制设计评价

好　中　差

4.1.2.4　设计成果

（1）总平面图 1：500（如有局部地形等高线，请画出；明确建筑有周围环境、道路的关系）。

（2）各层平面图 1：100（首层平面图画出周边的环境设计，如铺装、绿化、环境小品等）。

（3）四个平面图 1：100（如建筑有立面被遮挡，可只画出主/侧立面图）。

（4）至少两个方向的剖面图 1：100（反映主要空间关系）。

（5）建筑外观透视图、室内透视图各 1 张。

（6）模型 1：50（准确表达出建筑与基地环境的关系、建筑形体和空间关系。在合适的光线下用 400 万像素以上数码相机拍摄照片，提交俯视角度 3 张、平视角度 3 张、外观局部 2 张内部空间 2 张）。

以上文件分别提交单片和版面两种形式。

4.2 教学指导作品评析

作品一（见图 4 - 28）

教师评语：

倪贝贝、李凯堃、梁韦琪三位同学的设计作品立足打破常规居住空间的封闭性，强调空间的流动性。整个建筑外形为多个立方体衔接而成，平面是组团式的布局方式，功能设置合理。设计成果完整，表达充分，制图规范。设计小组成员在整个课程过程中相互信任、相互鼓励的合作精神值得肯定，这是学习和从事设计的基本哲学。

——杨小军

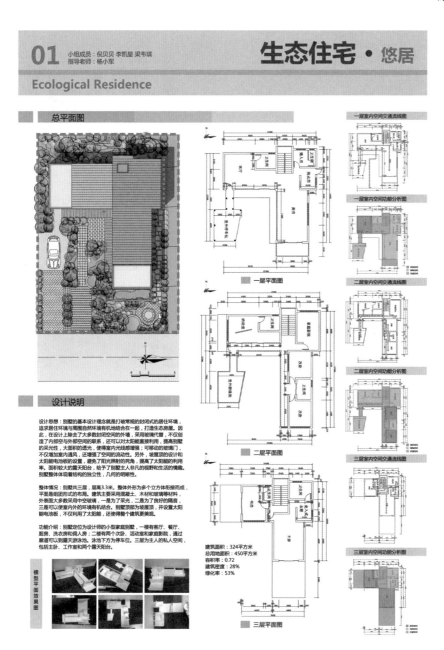

图 4-28（一） 教学指导作品——倪贝贝、李凯堃、梁韦琪

02 小组成员：倪贝贝 李凯堃 梁韦琪
指导老师：杨小军

生态住宅・悠居

Ecological Residence

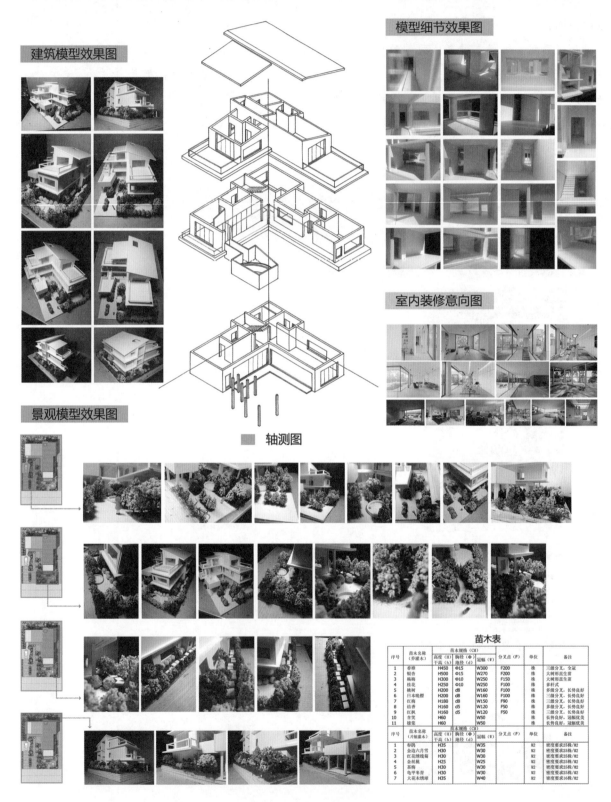

建筑模型效果图

模型细节效果图

室内装修意向图

景观模型效果图

■ 轴测图

苗木表

图 4-28（二）　教学指导作品——倪贝贝、李凯堃、梁韦琪

03 生态住宅 · 悠居

小组成员：倪贝贝 李凯堃 梁韦琪
指导老师：杨小军

Ecological Residence

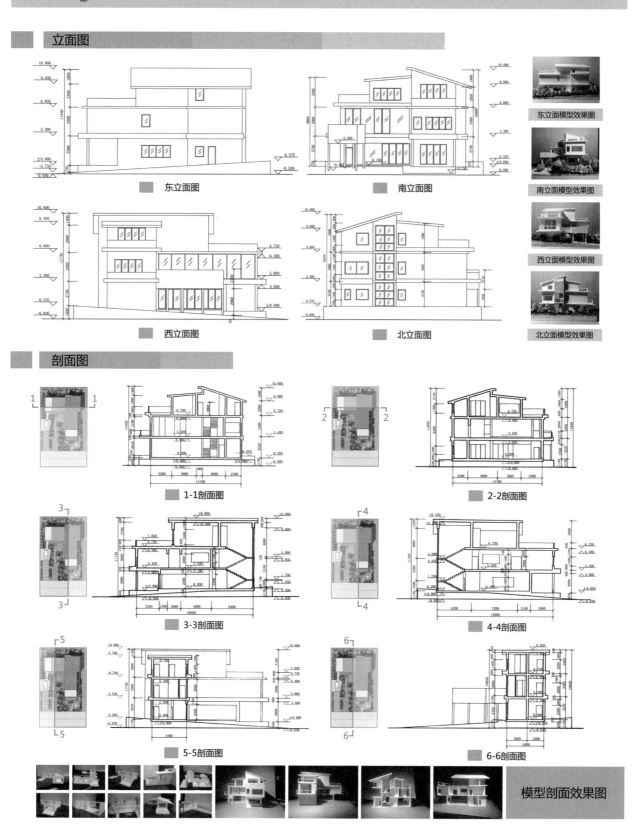

立面图

东立面图

南立面图

东立面模型效果图

南立面模型效果图

西立面图

北立面图

西立面模型效果图

北立面模型效果图

剖面图

1-1剖面图

2-2剖面图

3-3剖面图

4-4剖面图

5-5剖面图

6-6剖面图

模型剖面效果图

图 4-28（三） 教学指导作品——倪贝贝、李凯堃、梁韦琪

作品二（见图 4 - 29）

教师评语：

陈雨圆、王家宁、朱晓青三位同学的别墅设计是针对老年人这一特殊人群的，在功能设置与布局上重点体现了对业主的关注，方案乍看有些中规中矩，但实际上却体现了丰富的空间序列和体量组合。建筑空间布局合理，造型简练、尺度适宜。版面设计简洁直观，内容表达充分，是一个完整的设计作品。

——杨小军

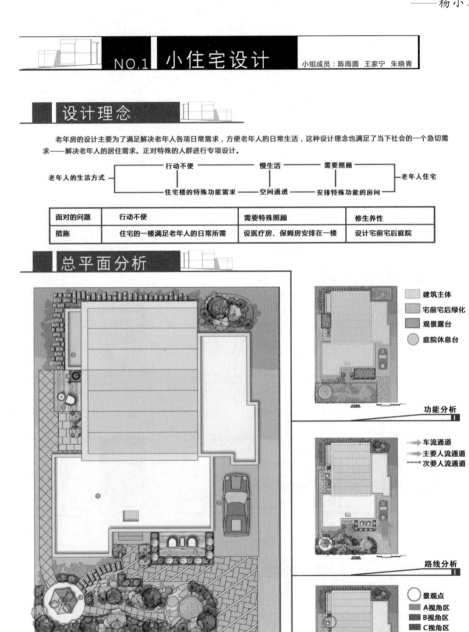

图 4 - 29（一）　教学指导作品——陈雨圆、王家宁、朱晓青

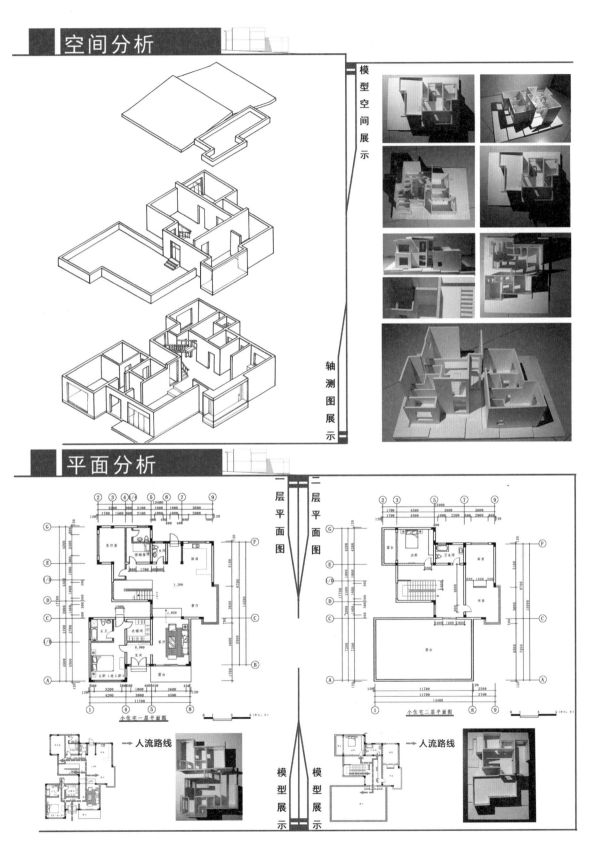

图 4-29（二） 教学指导作品——陈雨圆、王家宁、朱晓青

NO.3 小住宅设计　　小组成员：陈雨圆　王家宁　朱晓青

空间组合模式

住宅的空间组合模式为组团式，住宅由南北向两部分组合而成中间以楼梯为连接。

住宅的大部分功能集中在北向部分，南部主要安排了需要充足采光的老人房、客厅和空中露台。

剖面图

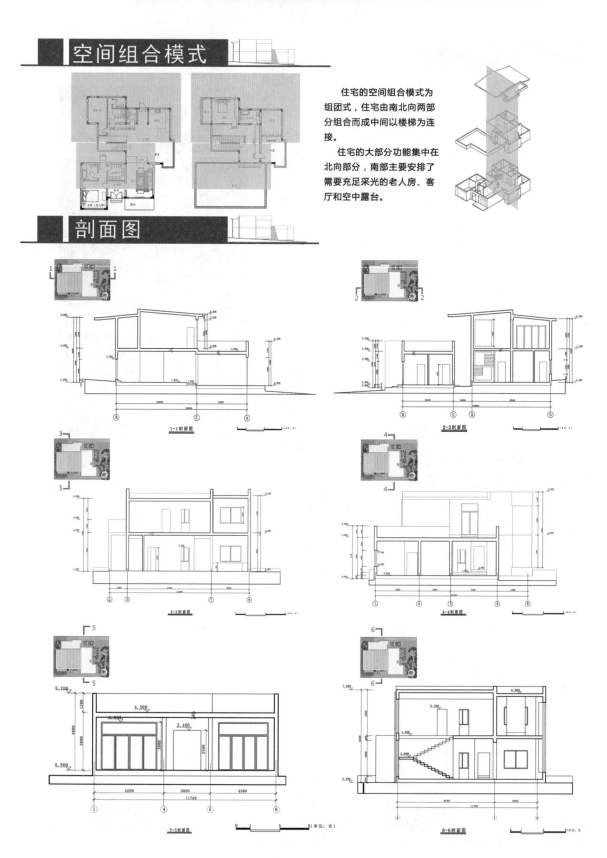

图4-29（三）　教学指导作品——陈雨圆、王家宁、朱晓青

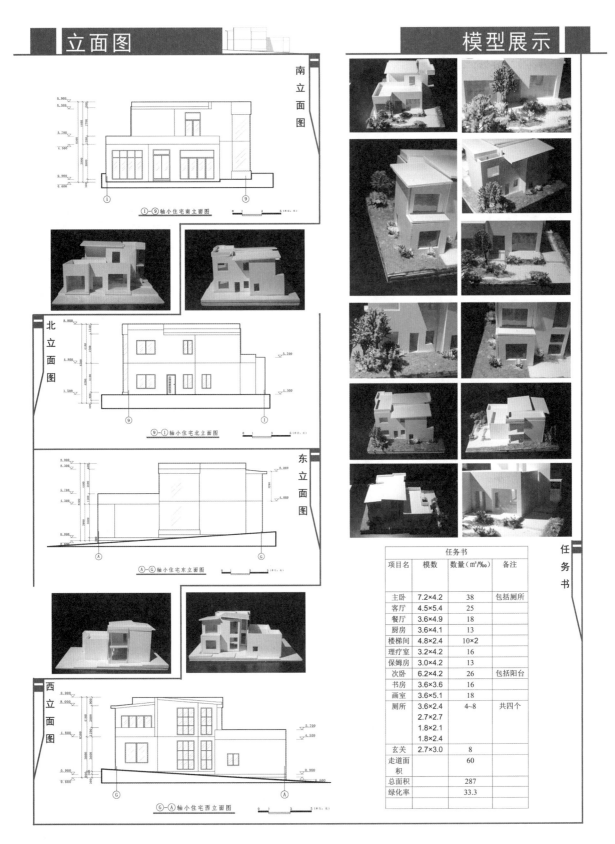

图 4-29（四）　教学指导作品——陈雨圆、王家宁、朱晓青

作品三（见图 4–30）

教师评语：

董婷婷、韩佳艺、焦佳三位同学的别墅设计方案充分考虑了基地与建筑造型的关系，总体采用以侧轴玮基准的梯形平面布局，这不仅与相邻基地的设计产生联系，而且也成就了建筑的空间组合方式。在设计中弱化了建筑的物质条件，而强化了与周边环境的协调处理。尽管设计理念与细节处理没能完整地体现在设计作品中，但仍是一个针对性较强的设计。这对低年级的同学尤其是刚开始接触设计的同学是要主张的。

——杨小军

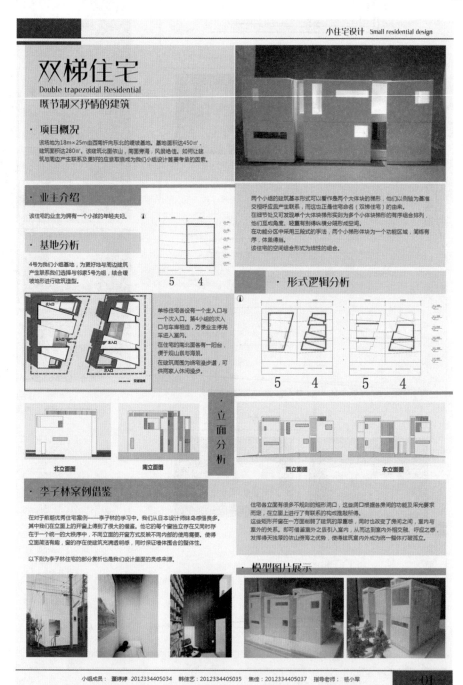

图 4–30（一）　教学指导作品——董婷婷、韩佳艺、焦佳

小住宅设计 Small residential design

室内空间分析
Interior space design

说明：室内布局设计承接外型的线条感，在美观与功能之间结合上毫无瑕疵，简约自然是我们别墅设计的一大亮点。大落地窗的采光，将自然之美从缝隙中散发出来，小窗的设计，若墙面上不经意的画框，画满惟妙惟肖的自然之美。

室内小景

仿用中国古代园林中的框景，将室外美景完美过渡到室内，简约朴素的木框地板给人安逸舒适的氛围。

平面分析

一层平面图

• 一层平面分析

一层平面以**公共空间**为主，**线形交通**路线贯穿头尾，客厅设置在朝南方向，阳光充足且贴近大海，其东侧毗邻厨房餐厅，功能一应俱全；室内中间部分是我们的一大特色，采用古建筑中**泗水回堂**的寓意，在中间建造了一个与室内隔开的庭院，使建筑与室外景观形成且包含的关系；建筑偏北侧为山丘，所以我们将室内北面设计为**私密空间**，主要有客房与储藏室。

A：厨房餐厅
B：客厅
C：内框庭院
D：接梯间
E：卫生间
F：客台
G：储藏间

主通道
次通道
支通道
主入口

空间私密性图

私密性从南到北递减逐减，相对空间小的私密性高。

功能分区图

将关联性强的空间放在一起，方便使用，同时减少空间浪费。

交通流线图

入口设置建筑中间，通向各空间方便，主要路线与次要的衔接恰当。

二层平面分析

二层平面以**私密空间**为主，室内被分为三部分，南侧是**主卧**及主卧配套的洗手间和更衣室，工作室，一个面朝大海的阳台，拾梯到达的二层便是可以欣赏室内庭院的**起居室**；偏北侧为儿童卧室所在，配套了玩具房和侧卫，阳台。卧室都被安排在**东侧**，寓意紫气东来，西侧为**半敞开**阳台，种上小灌木或地被植物便可成**小花园**。

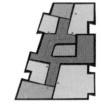

A：主卧
B：主卫
C：更衣间
D、L：阳台
E：工作室
F：起居室
G：楼院
H：楼梯间
I：次卧
J：玩具房
K：次卫

空间私密性图

二楼主要为私密空间，与之框树的半开敞则填补了空间遮蔽强的特性。

功能分区图

以主卧次卧作为空间主要划分，在空间大小上亮分体现了主次的关系。

交通流线图

在起居室交通分为两散，主卧，次卧之间互不干扰。

立面分析

立面采用**矩形框**组合模式，在与功能空间相结合的模式下，我们结合构成中**黄金分割**比例，使其在外光上也极具美感。

□ 窗采用网格、循环图形的方法确定方位。

正立面

背立面

在内凹室内采用落地玻璃采光，在充足光照的情况下，强化外表面型

南面立面

北面立面

为美观，在南北面上开窗较小，强化简约的外形。

模型图 效果图

一层和二层因地制宜的采取了不同的铺装，既方便卫生又舒适美观。大量落地窗设计，整个空间光影效果更为曼妙，外形简约，内在齐全是我们设计的一大亮点。

一层铺装

二层铺装

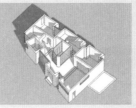

一层轴测图

一层轴测图

小组成员：董婷婷 2012334405034　韩佳艺：2012334405035　焦佳：2012334405037　指导老师：杨小军

图 4 - 30 （二）　教学指导作品——董婷婷、韩佳艺、焦佳

小住宅设计 Small residential design

建筑结构和庭院设计分析

Structure analysis and court yard design

建筑不但要外观造型独特，引人注目，更重要的是得设计合理和实用，没有没考虑实际的设计就是"图纸上的设计"，为此我们小组成员在建筑结构上考虑了其建筑的承重，采光以及排水问题。

·剖面图分析

剖面图一

剖面图二

·节点分析

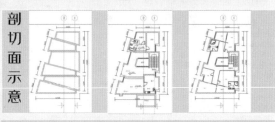

剖切面示意

为了直观的体现建筑的内部结构，我们绘制了CAD进行剖面分析。剖切面选择了可以体现其内部楼体结构的图一和可以体现内部庭院结构的图二，对应平面图我们可以看出其内部的详细结构。

一层中，为了迎合地形的坡度我设计了两个抬高步阶梯。由于一层房间较少二层较多，考虑到承重问题，一层的墙体厚度定为240mm，二层为100mm，而房间的分割适应建筑的外形，所以墙体可以起到很好的承重作用。为了更好地观景，室内庭院采用玻璃，而为了保暖，玻璃采用夹层钢化玻璃，厚度可达80~100mm。

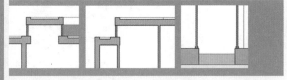

节点分析图中展示了隆起的天窗设计，除了可以更好地采光，高低错落更使得建筑富有韵律美。每一个梯形顶都设有排水沟与女儿墙，可以更好地排水引流。也更好的强调了梯形的形体美感。中间四水归堂的庭院有引水的地漏凹槽，可以在雨季很好的排水。

·庭院设计分析

由于与5组合作制作的，庭院具有相互联通公用的特点，尤其是双梯住宅相互咬合的形体美感需要，使庭院共用性成为首要因素。但由于不同的需求我们的庭院设计又各有所异。由分析图我们可以看出我们组为组合住宅的正门，主要出入口。沿街一面为公共空间，而北面有足够的场地作为私人娱乐空间。两空间互不影响，人行与车辆相互不影响。而两空间又有方便行走的通路。

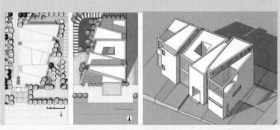

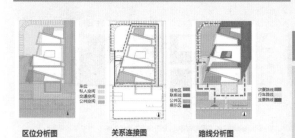

区位分析图　　关系连接图　　路线分析图

·分析图展示

区位分析：私人空间，交通空间，公共空间相互分离但有内在的联系。
关系连接图：住宅区，公共区娱乐休闲区均能相互连通，与邻居公用庭院和入口大门。
路线分析图：主要路线简短方便，次要路线相互连通建筑物四周均可走动，行车路线方便车辆停靠和倒车。
两组合作过程中庭院的设计是合作的充分表现。

小组成员：董婷婷 2012334405034　韩佳艺：2012334405035　焦佳：2012334405037　指导老师：杨小军

图4-30（三）　教学指导作品——董婷婷、韩佳艺、焦佳

作品四（见图 4-31）

教师评语：

　　江玮蓉、黄梦露、陈晓桑三位同学的设计方案经过多轮修改，在图纸与模型的推敲上花了大量的精力，反映着团队的协作精神和个体的执著精神。建筑体量有一定的组合与穿插关系，建筑界面在虚实变化中形成对比，局部的立面设计与建筑的整体配合适当。空间流线清晰，内部空间布局合理，但稍显单调，缺少空间的层次与过渡。

——杨小军

Breath · 輕呼吸
小住宅設計 VILLA DESIGN

小组成员：江玮蓉 黄梦露 陈晓桑
指导老师：杨小军

1

设计介绍

　　本项目是位于一块宽 18 米，进深 25 米的坡地上的一座别墅。别墅业主为一对年轻夫妇。别墅用地面积为 450 平方米，建筑面积为 240 平方米。

　　别墅共两层，高度均为 3.3 米。由于基地南面是一片湖，我们将别墅的主入口及主立面设置在南面，以保证良好的采光与视野。

　　别墅一楼设客厅、餐厅、厨房、茶室、卫生间、客房及车库。除南面主入口，还设有两个次入口。二楼为主人私密空间，有主卧套房、书房和阳台。主卧套房除南面有大面积玻璃窗外，其他墙面多采用开小窗或不开窗，在保证采光的同时，也保证了主人的隐私。

　　别墅的设计理念是打破常规的封闭式的居住环境，追求居住环境与周围环境的有机结合，为了达到这个目的，别墅在设计上采用大量玻璃代替封闭外墙。建筑外墙为两种材质：木材及石材。颜色以及材料上的明显差异，使建筑的体块感与组团感更加强烈。

　　考虑到与周围环境的关系，改别墅与 9 号基地别墅为镜像建筑，并拥有一块公用庭院。这样不仅扩大了实际使用面积，也增加了邻里之间的联系。

建筑轴测图

建筑设计分析图

　　铝条的材质让房子看上去像一个银黑色的盒子，这种设计同时成为这个房子的空气缓冲隔离，使主卧空间更加凉爽。

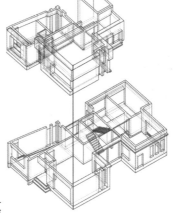

总平面图 1:100

N

　　由于光照来自南面，为了有更好的视野和自然采光，大部分的玻璃墙都在房子的南面。

图 4-31（一）　教学指导作品——江玮蓉、黄梦露、陈晓桑

2

建筑流线、功能分析

Breath · 轻呼吸
小住宅设计 VILLA DESIGN

小组成员：江玮蓉 黄梦露 陈晓桑
指导老师：杨小军

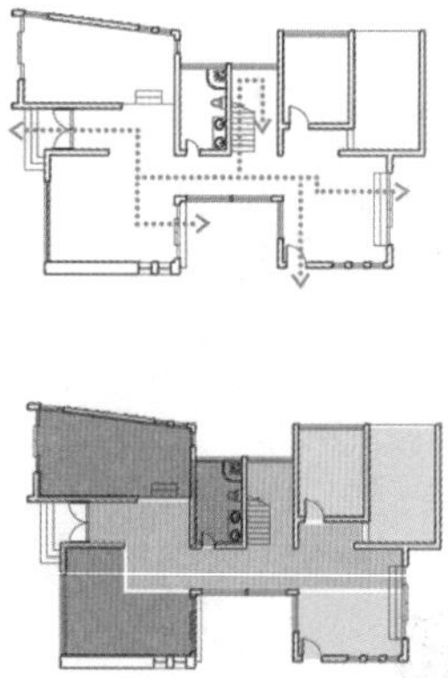

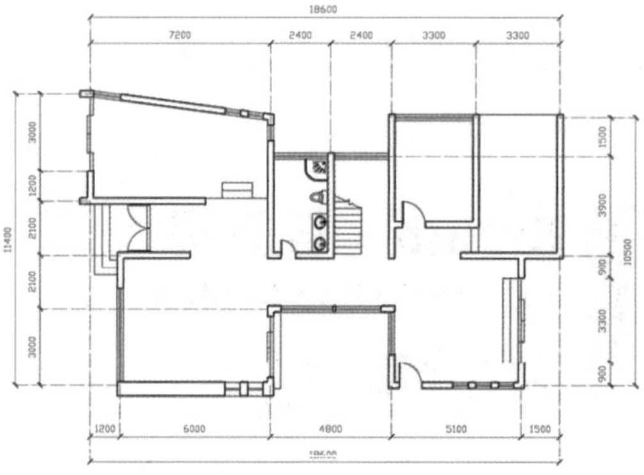

公共空间
私密空间
辅助空间
交通空间

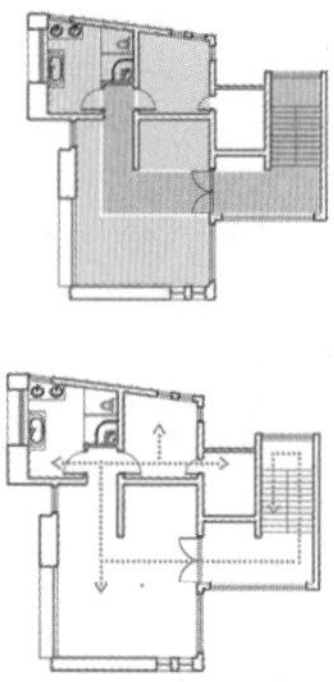

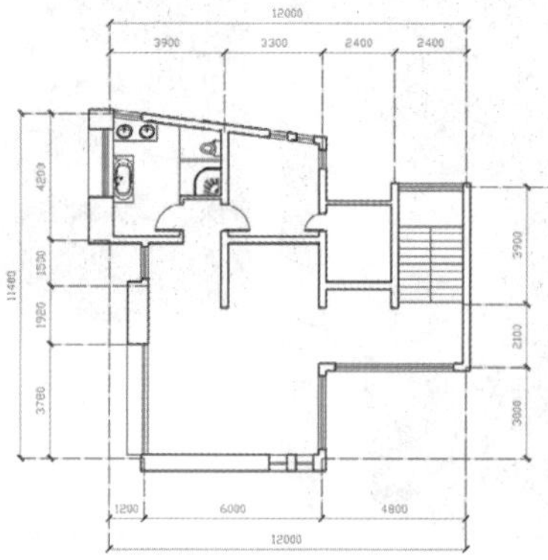

建筑平面图 1:100

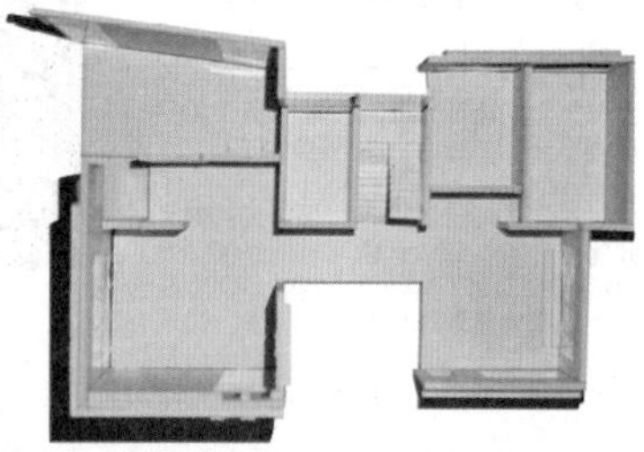

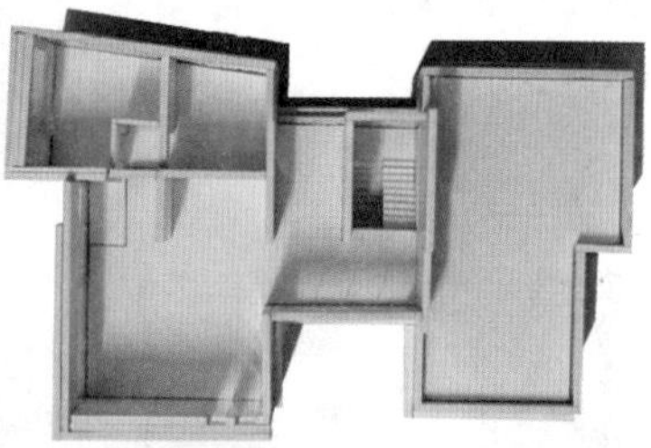

图 4-31（二）　教学指导作品——江玮蓉、黄梦露、陈晓桑

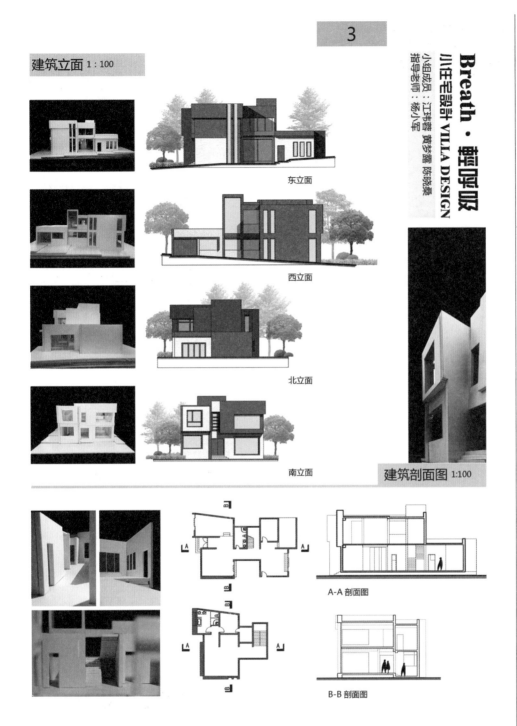

图 4-31（三） 教学指导作品——江玮蓉、黄梦露、陈晓桑

作品五（见图 4-32）

教师评语：

　　袁政、张盼盼、陈苗苗三位同学的别墅设计方案受大师作品的影响，在经过多轮小组讨论商议后，确定了"有界/无界"的设计主题，力图呈现出内外空间模糊的流动空间。建筑造型简洁，组合关系清晰，建筑顺应地形布置了空间的基本功能，于简单处体现着设计者对生活的热爱，对建筑与环境关系的理解，对设计的执著。

——杨小军

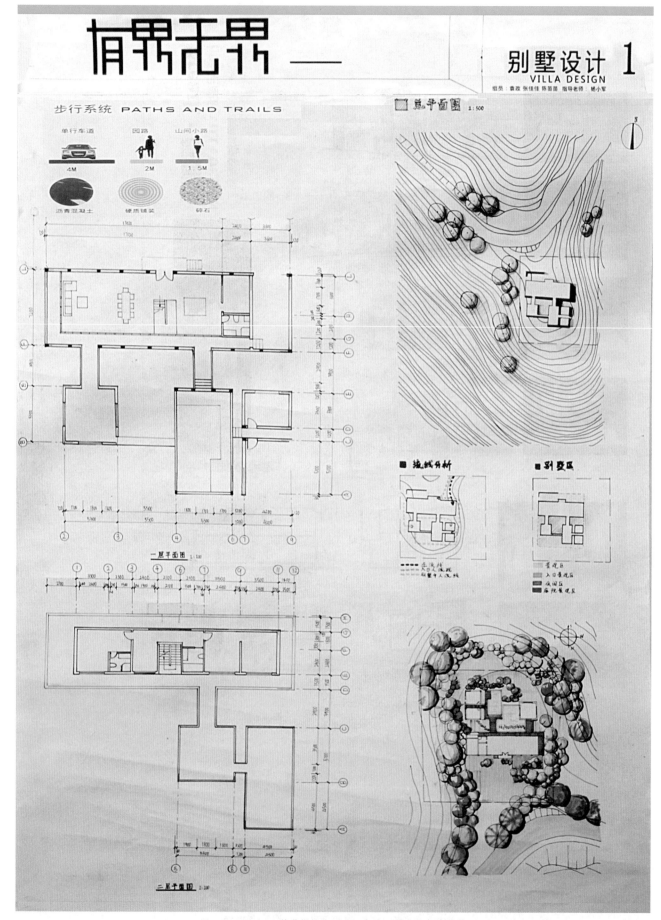

图 4-32 (一)　　教学指导作品——袁政、张盼盼、陈苗苗

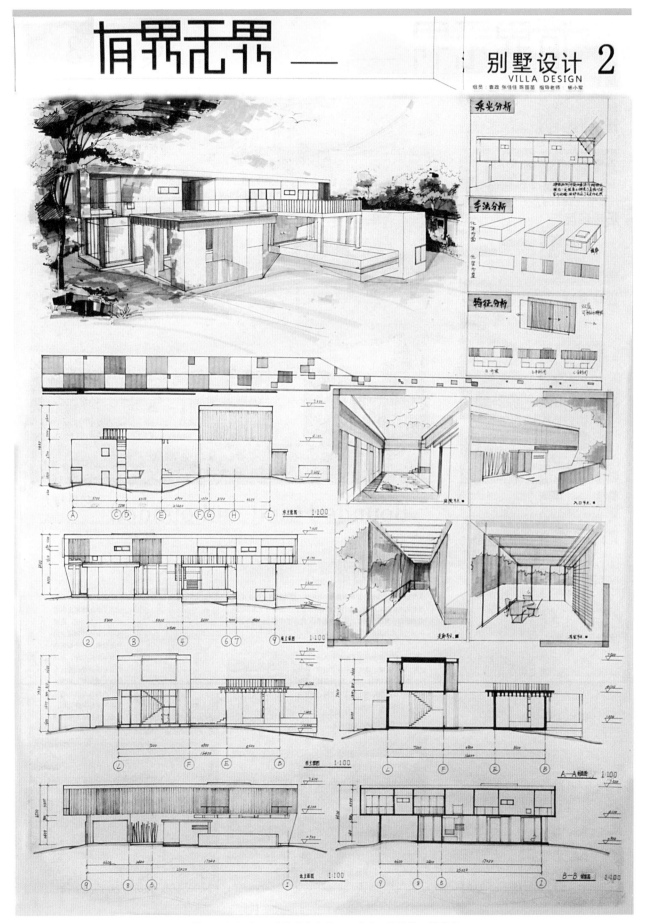

图 4-32（二）　教学指导作品——袁政、张盼盼、陈苗苗

情界无界——

别墅设计
VILLA DESIGN
组员：袁政 张佳佳 陈苗苗 指导老师：杨小军

3

区域分析

卫星图 　　区位图

交通分析图　周边现状分析图

场地现况

深圳小梅沙

设计来源

隈研吾
"负建筑"

草图

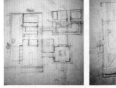
建筑
初步分析时

室内手绘图

Bounded and unbounded

有界与无界

设计说明

本次别墅设计选址为深圳小梅沙9号用地，背山临海，地处较为平缓的小山顶。前期，我们小组对隈研吾的作品进行了大量的研习和整理，对隈研吾提出的"负建筑"初步形成概念。对长城脚下的竹屋尤为兴趣。

之后，我们有实地参观了戴卫的九树公寓，颇有收获。最终我们将本次设计主题设定为有界和无界。设计目标则是设计出模糊室内外的流动空间。

设计过程中，我们运用了中国传统元素檐廊结构和木栅栅。在建筑南立面的檐廊设计给户主提供了一个亲近自然的半户外空间。而建筑北立面的栅栏变化无疑将会增加与光影的对话。茶室四周流动的空间是不错的冥想之地。泳池上方的休息平台则让户主与大海的零接触

让建筑无中生有。以柔克刚。
——隈研吾

图4-32（三）　教学指导作品——袁政、张盼盼、陈苗苗

作品六（见图 4 - 33）

教师评语：

　　侯晶艺、陈思、陈培佳三位同学的别墅设计方案注重构思与分析，体块、交通、视线、场地等分析严谨，具有一定逻辑性。方案的切题点较为独特，在观察提炼的基础上提出"无形中的有形"的概念，功能布局合理有序，流线组织清晰；该方案对于建筑内部空间与外部空间的渗透交融处理较好，形成多层次的空间。建筑造型注重内在功能的性质与外在形式的逻辑性统一，简洁大方，建筑外形体块穿插明晰，虚实变化有度。建筑形体基本与场地及周边环境相结合。建筑设计融入环境，建筑与场地环境相互衬托，和谐统一，交相呼应。方案注重图面表现以及分析的条理性。

——王依涵

图 4 - 33（一）　教学指导作品——侯晶艺、陈思、陈培佳

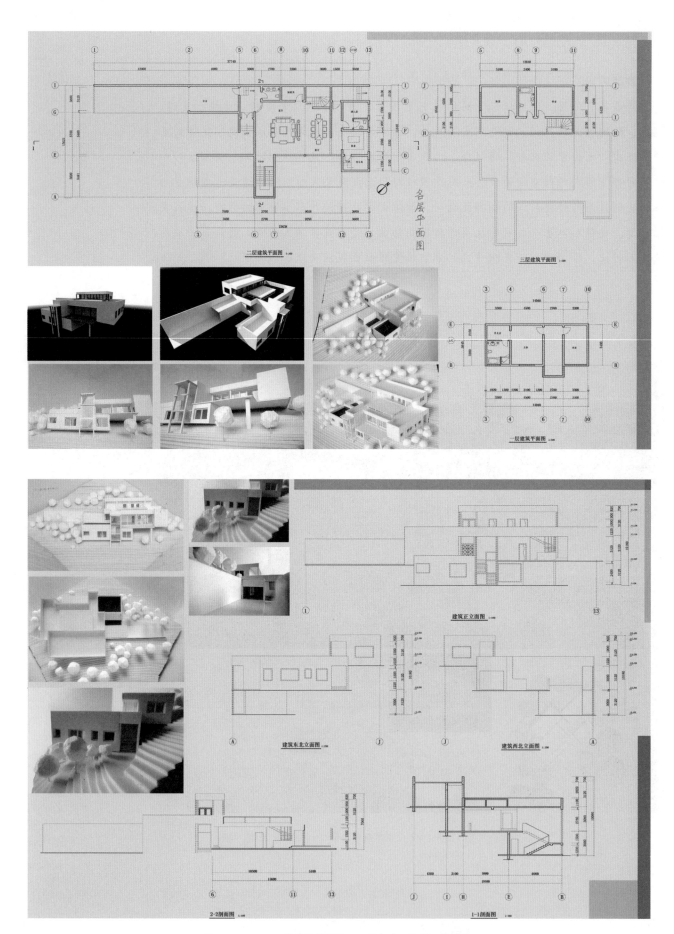

图 4-33（二）　教学指导作品——侯晶艺、陈思、陈培佳

作品七 （见图 4－34）

教师评语：

　　李瑶瑶、蒋琪、郑春晓三位同学的别墅设计方案构思概念单纯，思路过程表达清晰，条理分明，程序严谨。以老年人的实际生活和心理需求为出发点，理性的设计。空间布局较为妥帖，功能布局合理有序，流线组织清晰；造型简洁、明确，外观简洁大气，建筑外形体块穿插明晰，虚实变化有度，设计语言整体感也较统一。建筑表现有特点，与建筑主题结合较好。设计成果完整，主题突出，设计语言强而明确，条理清晰。

——王依涵

颐·居 别墅设计

课程设计感想：

　　通过这次的课程学习，我们学到了设计一幢别墅要考虑到将业主的需要以及个人的特点转换成别墅的特点。在平面图布局上，要分清交通动线，以及考虑到各个功能房间的合理分布。在多次的修改草图中，我们深刻的体会到，牵一发而动全身的道理，但也让我们学到，只有将最基本的错误改正了，才能一步步的深入设计下去。模型做好后，我们又重新对别墅调研和实际案例分析的修改，更加深刻的理解国外经典案例的空间布局和对业主的需求等一系列的设计方案，对于我们今后的设计学习，起到了很大的帮助。本次的作业，我们通过小组分工来完成，感受到了团队的力量，只有大家都去合作、讨论、分工，才能将我们的作业圆满的完成。

· 小模展示

· 大模展示

· 空间展示

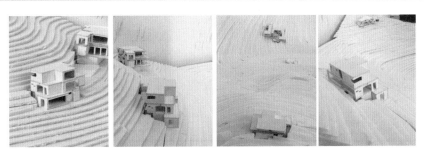

图 4-34（一）　教学指导作品——李瑶瑶、蒋琪、郑春晓

颐·居 别墅设计

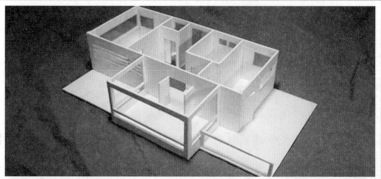

别墅的设计特点：

1. 老年人将会使用到轮椅，所以特别在别墅用设置电梯，可方便到达任意的楼层。

2. 公共走廊宽度超过1.2M，即轮椅与行人的通行宽度。

3. 将餐厅、起居室、卧室设置在同一楼层，符合老年人的活动习惯，也尽量减少在活动时发生意外的可能。

4. 别墅的大门没有设置台阶，方便轮椅通过。

5. 别墅设置大面积的落地窗，周边绿化茂密，使老人能在别墅中颐养天年，亲近自然，观赏户外景致。

6. 主卧室安排在西边，主卧外有个平台，老人可以在那喝喝下午茶。

7. 别墅设置大面积的落地窗光、热的谐调和统一，能给老年人增添生活乐趣，令人身心愉悦，有利于消除疲劳、带来活力。

8. 室内采用直线、平行的布置使视线转换平和，避免强制引导视线的因素，力求整体的统一，创造一个有益于老年人身心健康、亲切、舒适、幽雅的环境。

9. 老人的精神较弱，需要较安静的风水环境才能修养身心，因此把老人房设在房宅西边，是静的空间，东边是动的空间，动静合理的分区，避免人走动频繁及噪音大的地方。

10. 老人房临近浴厕，因老人多半膀胱无力勤务较易患泌尿系统疾病，要让他们能如厕方便为宜。

11. 专家说老人房在住宅的西方大吉，西方是适合老人的本命方，风水中西方有享受、极乐、净土的含义，也是适合老人房的吉向。

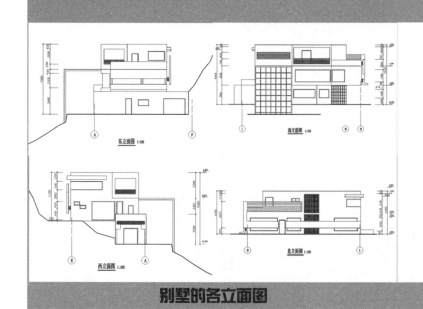

别墅的各立面图

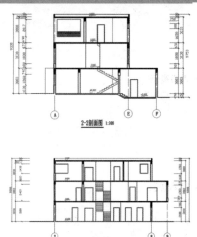

别墅的剖面图

图 4-34（二） 教学指导作品——李瑶瑶、蒋琪、郑春晓

设计成员：李瑶瑶、蒋琪、郑春晓

指导老师：杨小军

随着我国的老年人比率呈逐渐上升的趋势，我们想到设计一幢适合老年人生活的别墅。每个人都要经历老年阶段，别墅不仅要年轻时住的舒服，在年老时，也要使用的很方便。随着人的年龄逐渐增大，生理、心理机能逐渐减弱，行为动作都会变得迟缓，因此要考虑一些特殊功能。

颐·居

别墅设计

为老人颐养天年的居所

基地分析：

我们的基地坡度相对比较大，因此我们采用半掩埋的方式，将别墅建在其上。基地所处的高度高，又给整个别墅带来良好的视线。

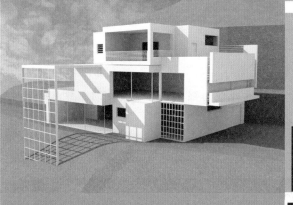

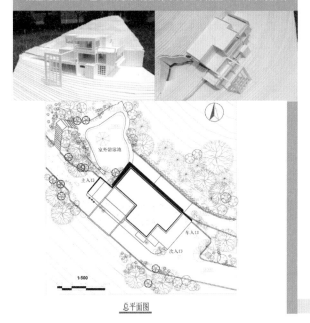

主入口

车库入口

次入口

1:500

总平面图

别墅的平面图

车入

次入

主入

一层平面图 1:100

二层平面图 1:100

三层平面图 1:100

■ 公共空间
■ 私密空间
■ 交通空间
■ 专用空间

别墅空间布局特点：

1. 佣人从次入口进入别墅，一层的活动范围是佣人房、洗衣间、车库、储藏室，从楼梯上二楼在厨房和餐厅活动，这些功能房间都设置在别墅的东侧，不会干扰到主人的活动和休息。

2. 主人从一层的大门进去别墅，使用电梯到达二楼。由于考虑到是老年人使用，将厨房、餐厅、起居室、卧室都设在了二层楼。

3. 车从一层东边的大门进，主人能从车库有门进入一层客厅。

4. 考虑到老人喜欢安静，将静的空间都安排在西边，包括些主卧和次卧，动空间在东边，包括车库、佣人房、娱乐室。厨房等，动静合理分区

图4-34（三） 教学指导作品——李瑶瑶、蒋琪、郑春晓

作品八（见图 4-35）

教师评语：

林成跑、马文佳、吴玉良三位同学的别墅设计方案对"慢生活"表达了自己的理解并做出诠释，方案分析深入到位，思路清晰；设计构思，形体空间环境均有独到的想法，有创意；建筑体块、交通流线、视线控制等分析到位，功能合理，流线清晰；建筑形体把握得较好，虚实关系明确，建筑形态简约、新颖，赋有时代感，造型简洁、美观且富有变化，设计语言整体感也较统一。能与场地及周边地形和环境相结合，体现了设计者对场地的观察细腻。图纸表现能力强，色彩明快爽朗，建筑透视图充分表达建筑设计意图。具有一定的可行性。

——王依涵

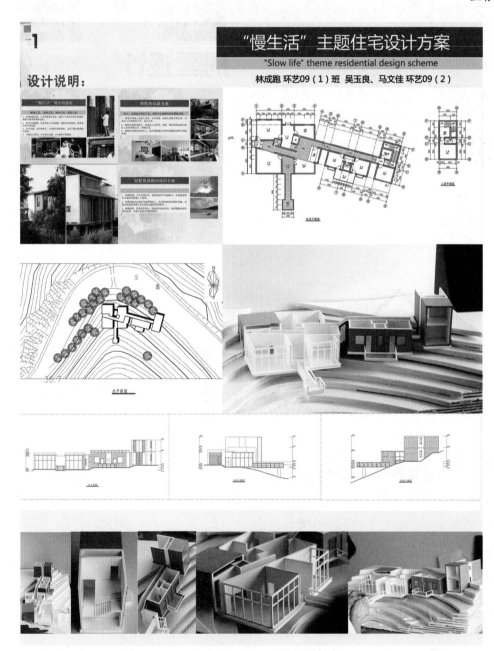

图 4-35（一）　教学指导作品——林成跑、马文佳、吴玉良

2

"慢生活" 主题住宅设计方案
"Slow life" theme residential design scheme

林成跑 环艺09（1）班 吴玉良、马文佳 环艺09（2）

设计说明：

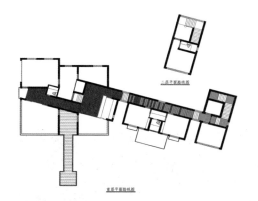

模型制作：
结合CAD图纸，在制作模型的过程中深入推敲住宅立面构造，熟知空间体感。并对设计进行改善。
模型材料：
白色PVC塑料板材、牛皮卡纸。

交通路线图	大厅右侧面效果图	
模型1	模型2	模型3
		模型5
模型鸟瞰	模型4	模型介绍
剖面图		模型6

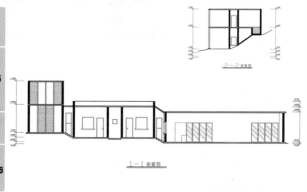

图 4-35（二）　教学指导作品——林成跑、马文佳、吴玉良

作品九（见图 4-36）

教师评语：

覃静、唐玥妍、潘高峰三位同学的别墅设计方案构思立意新颖，设计中意蕴的表达较好；方案从业主的职业生活与个性特点出发，抓住"节奏感"，从建筑布局、结构到外形处理，处处体现强化这一理念。结合基地的特征旋转30度轴网，有效地解决了建筑内部空间布局与外部环境的"契合"的问题，也形成变化而有趣的建筑空间。对空间的理解有创意，功能流线清晰便捷，较好地处理了内部与外部流线的分配与组织。建筑形式简洁得体，形式处理手法得当，层次虚实里外分明。

——王依涵

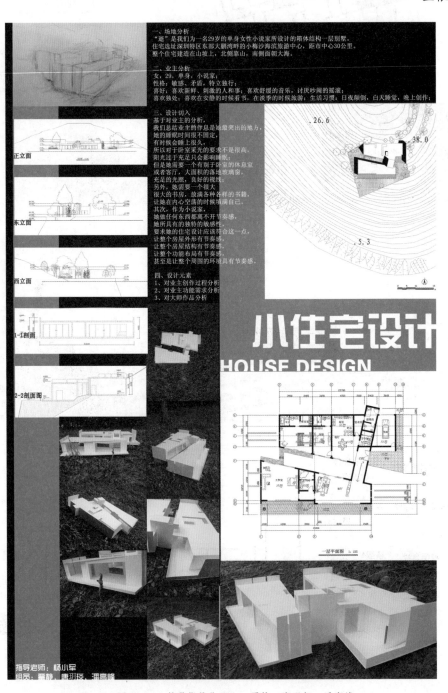

图4-36　教学指导作品——覃静、唐玥妍、潘高峰

作品十 （见图 4 - 37）

教师评语：

赵琼同学的建筑造型能力很强。她做的海景度假别墅，造型独特，犹如一尊雕塑坐落在基地上。方案构思能完整地贯穿整个设计过程，尤其是设计过程中对建筑体量与空间关系的把握。从最初采用橡皮泥来塑型，到后期的模型卡来定型，都反映出她对设计的热情与坚持。虽然在平面布局上，入口空间的布置稍显局促，但丝毫不影响她对整个建筑概念的把握。尤其在学习阶段，反映学生对设计的一贯性和纯粹性更为重要。

——杨小军

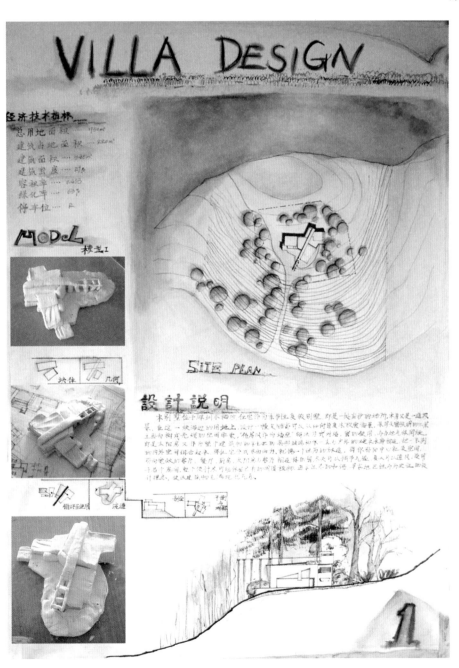

图 4 - 37 （一）　教学指导作品——赵琼

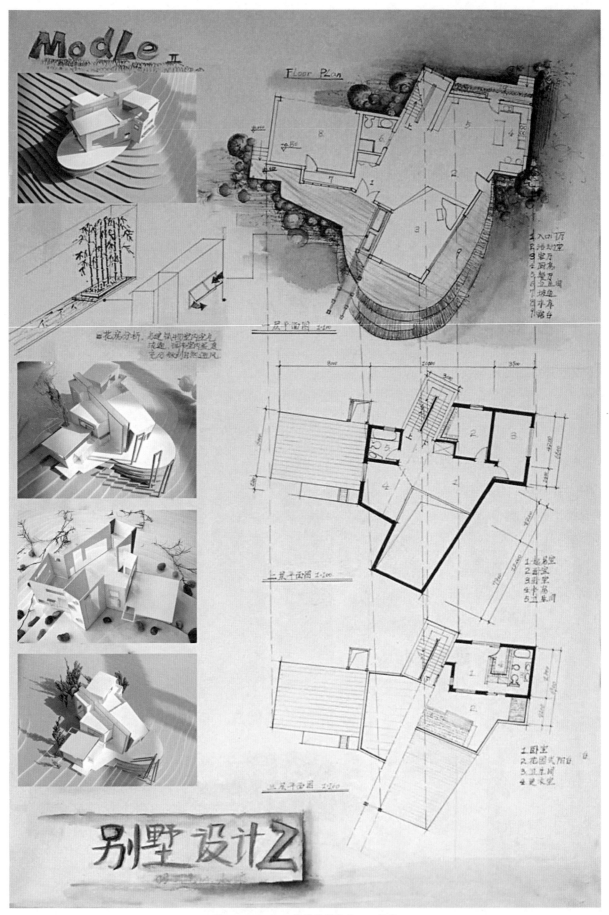

图 4-37（二） 教学指导作品——赵琼

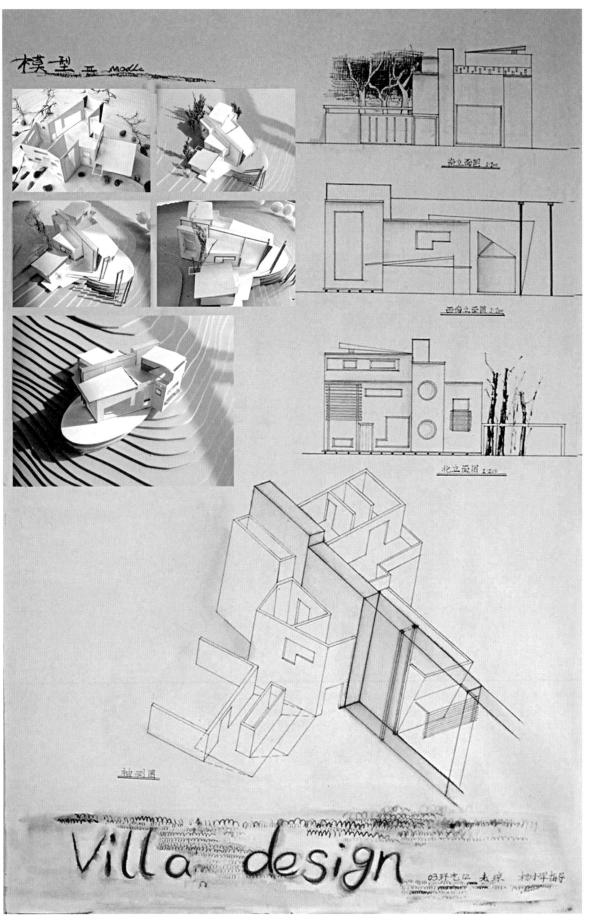

图 4 - 37（三）　教学指导作品——赵琼

作品十一（见图 4 - 38）

教师评语：

邵峰同学的坡地别墅设计，很好地做到建筑体量关系与基地的完美契合。建筑空间的组合是将住宅的公共与私密空间分为两个不同体量，通过结合地形标高变化的一系列户外平台组织起来，形成了丰富多样的空间序列和建筑"灰空间"，是一个有趣的构图方式。在平面布局上功能合理、节奏舒适、尺度宜人，对细节设计有一定的深度，如开窗的位置、大小、方式和标高等，反映出其较强的建筑设计能力。

——杨小军

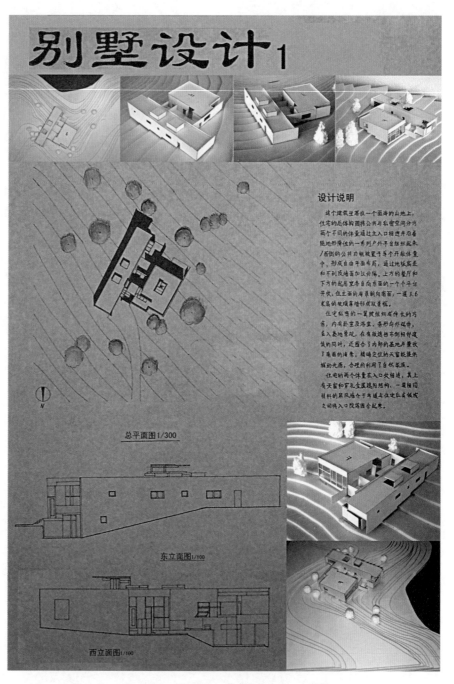

图 4 - 38（一）　教学指导作品——邵峰

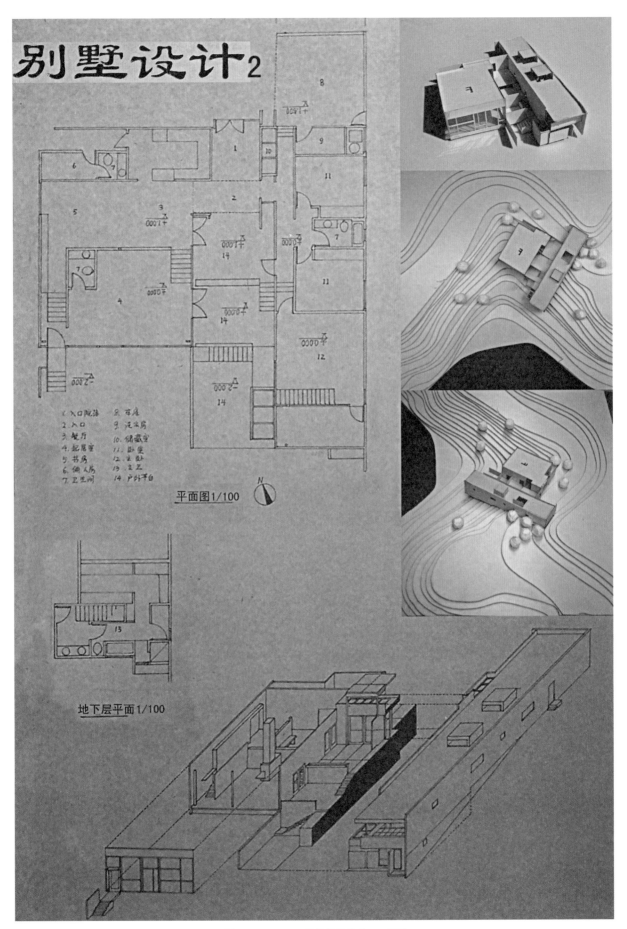

别墅设计2

1. 入口阶梯
2. 入口
3. 餐厅
4. 起居室
5. 书房
6. 佣人房
7. 卫生间
8. 平台
9. 洗衣房
10. 储藏室
11. 卧室
12. 主卧
13. 主卫
14. 户外平台

平面图1/100

地下层平面1/100

图 4-38（二）　教学指导作品——邵峰

作品十二（见图 4 - 39）

教师评语：

张坤同学的建筑设计结合了周围的自然环境特点及地形的变化，使建筑和环境有机的融合，同时还注意到利用天窗和墙的有变化的组织来丰富空间的光影变化。立面造型简朴大方，虚实变化明显，且有时代感，体现出其空间塑造的基本功扎实。在平面设计上，功能布局基本合理，流线清晰，但是建筑平面形态略显生硬，局部空间的形态和流线的设计还欠妥，空间的组织上缺乏过渡，尤其是入口与门厅及餐厅之间的联系上，流动性、活泼性不足。

——王依涵

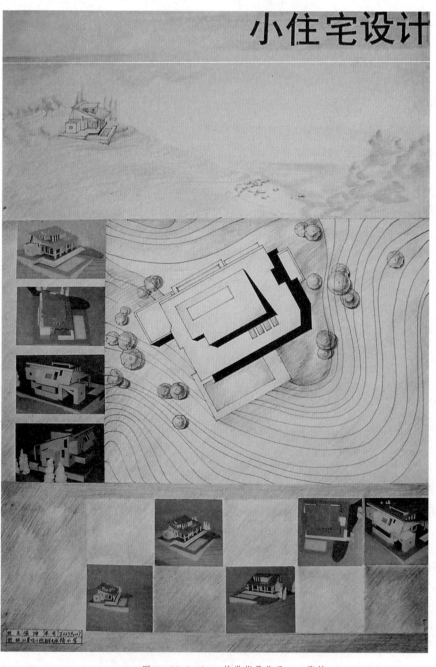

图 4 - 39（一）　教学指导作品——张坤

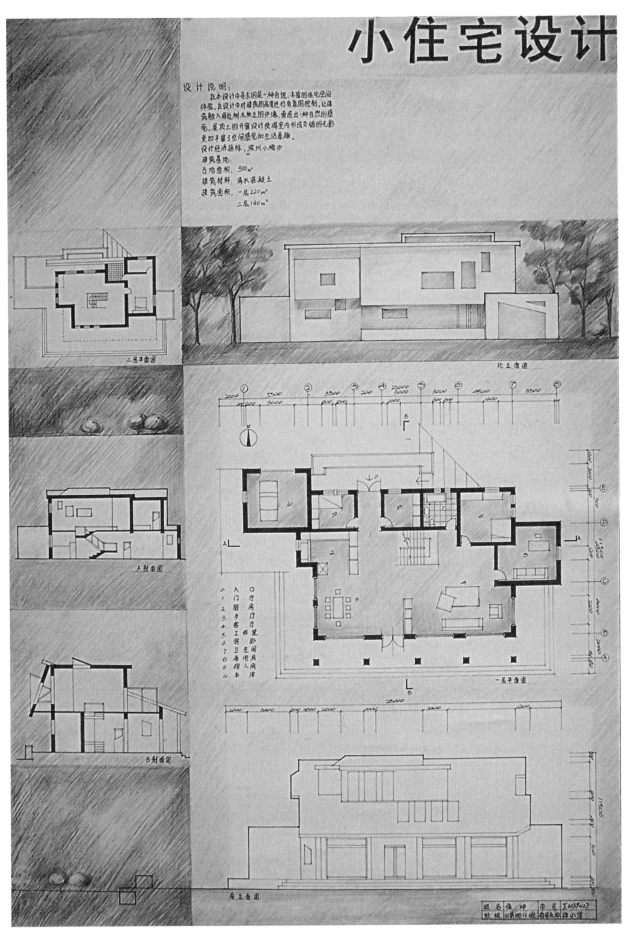

图 4-39（二）　教学指导作品——张坤

作品十三（见图 4 - 40）

教师评语：

　　李燕珍同学的别墅设计表现了一个完整的设计过程，从最初的概念导入，到功能布局，再到最后的设计表达。该方案功能分区明确，特色在于把住宅的若干功能比较合理的组织在方形单元中，并强调这些几何形态的穿插、叠加、组合变化，用这种现代的建筑语汇来表达简约的建筑风格。建筑处理稳妥，比例和谐，尺度适宜。平面布局有效结合了地形环境，做了架空的处理。主入口和主体建筑之间用一座桥作为联系，加强了空间序列的引导性，也增加了空间的层次和多样性，建筑的体型也显得舒展。在造型处理上尽量以简洁的实墙面与玻璃来突出体块的对比，同时很好地利用了阴影来造型。

——王依涵

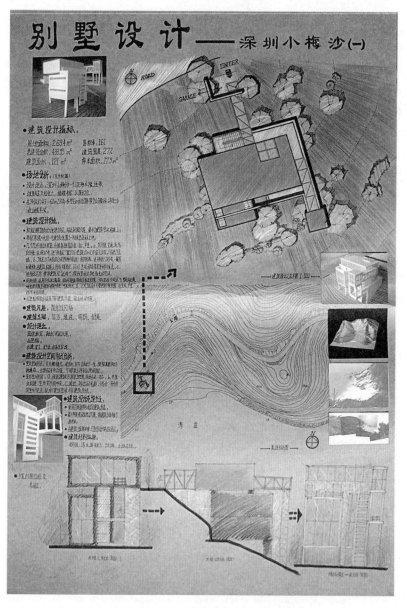

图 4 - 40（一）　教学指导作品——李燕珍

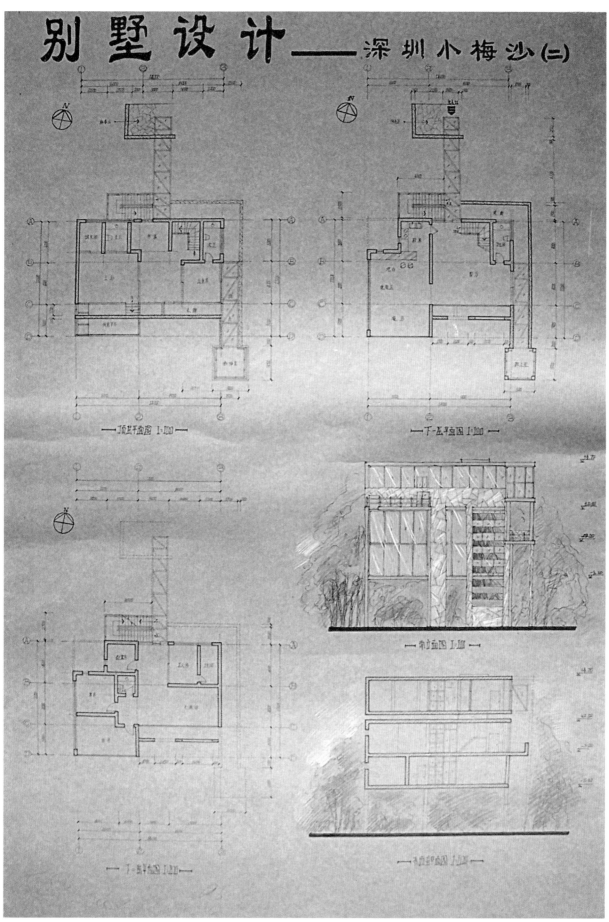

图 4 - 40（二）　教学指导作品——李燕珍

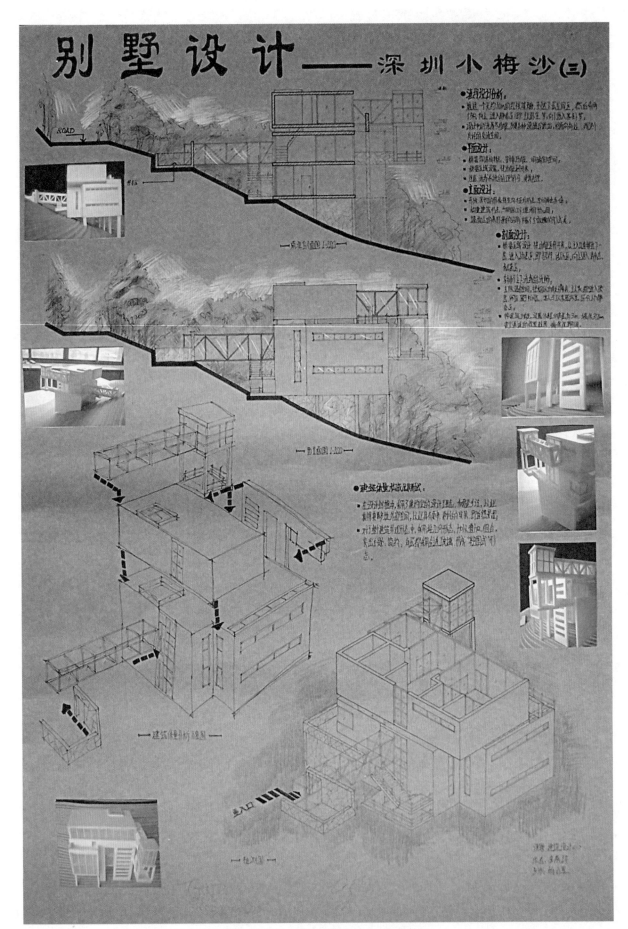

图 4-40（三）　教学指导作品——李燕珍

作品十四（见图 4 - 41）

教师评语：

　　赵慧同学的别墅设计能充分考虑基地与建筑布局的关系，其设计的建筑造型独特，体现对中国传统民居建筑的文化尊重。空间布局张弛有力，空间节奏开闭有度，形成了丰富的内外空间组合，表现出其相当成熟的空间造型能力与文化感悟能力。虽然是二年级的学生，但其设计的表达能力，尤其是模型表现，已能深刻地表现建筑设计的手段。

——杨小军

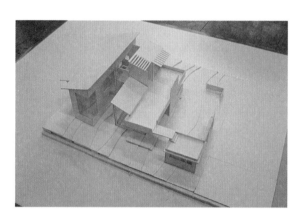

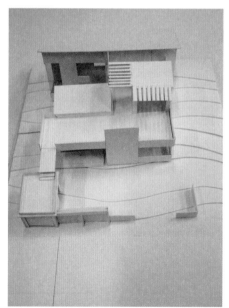
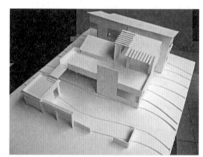

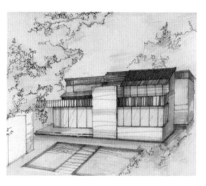

图 4 - 41　教学指导作品
——赵慧

作品十五（见图 4 - 42）

教师评语：

　　唐薇、常城、潘晨蛟三位同学的别墅设计在众多学生作品中很有代表性，他们的设计过程始终遵循着自己对于自然的理解，设计成果完整地表达了他们的设计源点，虽然细节的把握稍显稚嫩，但作品富有意境，这是值得肯定的。设计中师法大师作品与对空间的设想，表现建筑空间的"开放"与"沉思"状态，充满诗意与激情。建筑设计空间组织丰富，平面布局紧凑，功能分区合理，但局部尺度与比例控制不够到位。

——杨小军

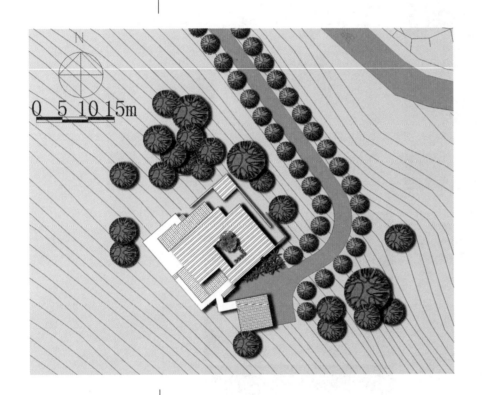

图 4 - 42（一）　教学指导作品——唐薇、常城、潘晨蛟

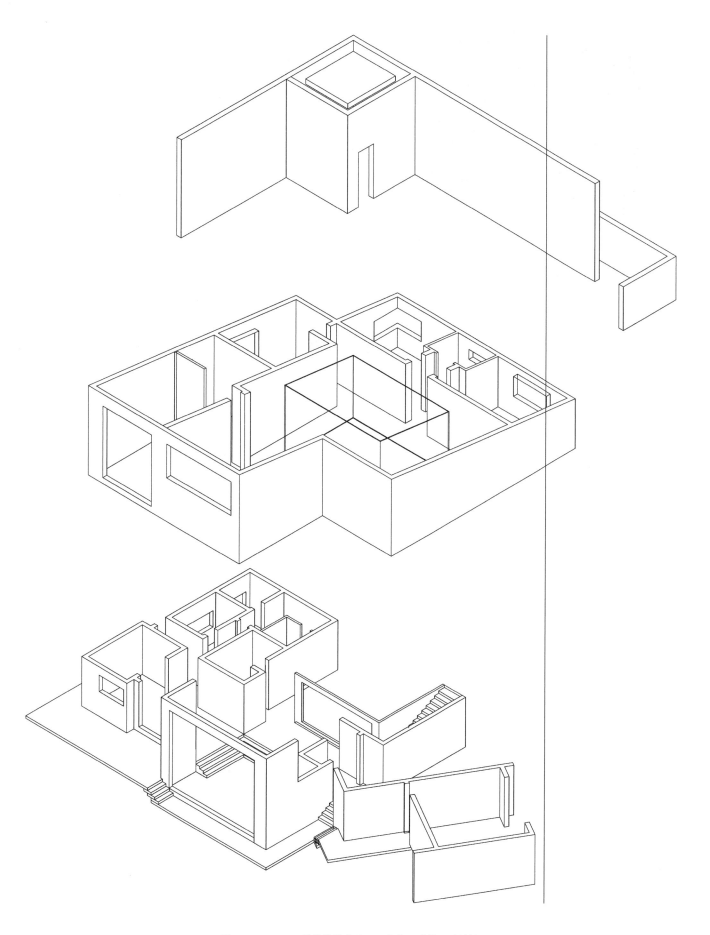

图 4 - 42（二）　教学指导作品——唐薇、常城、潘晨蛟

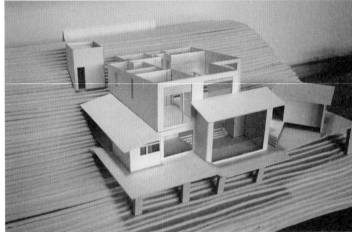

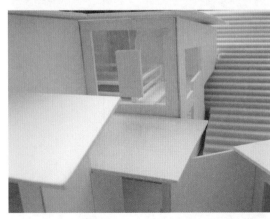

图 4-42（三）　教学指导作品——唐薇、常城、潘晨蛟

参考文献

[1]　[日] 三泽千代治. 朱元曾，王虹译. 2050 年的理想住宅 [M]. 北京：中国电影出版社，2004.

[2]　[德] 托马斯·史密特. 肖毅强译. 建筑形式的逻辑概念 [M]. 北京：中国建筑工业出版社，2003.

[3]　[德] 洛兰·法雷利. 姜珉，肖彦译. 建筑设计基础教程 [M]. 大连：大连理工大学出版社，2009.

[4]　东京大学工学部建筑学科　安藤忠雄研究室. 曹文君译. 勒·柯布西耶全住宅 [M]. 宁波：宁波出版社，2005.

[5]　[德] 克里斯汀·史蒂西. 任铮钺，张淼，李群译. 独栋住宅 [M]. 大连：大连理工出版社，2009.

[6]　[美] 诺曼 K. 布思. 曹礼昆，曹德鲲译. 风景园林设计要素 [M]. 北京：中国林业出版社，1989.

[7]　林鹤. 西方 20 世纪别墅二十讲 [M]. 北京：生活·读书·新知三联书店，2007.

[8]　彭一刚. 建筑空间组合论 [M]，2 版. 北京：中国建筑工业出版社，1998.

[9]　韩光煦，韩燕. 别墅及环境设计 [M]. 杭州：中国美术学院出版社，2009.

[10]　邹颖、卞洪滨. 别墅建筑设计 [M]. 北京：中国建筑工业出版社，2000.

[11]　傅祎. 建筑的开始——小型建筑设计课程 [M]. 北京：中国建筑工业出版社，2005.

[12]　杨金鹏，曹颖. 建筑设计起点与过程 [M]. 武汉：华中科技大学出版社，2009.

[13]　黎志涛. 建筑设计方法 [M]. 北京：中国建筑工业出版社，2010.

[14]　李贺楠. 别墅建筑课程设计 [M]. 南京：江苏人民出版社，2013.

[15]　杨小军，丁继军. 环境设计初步 [M]. 北京：中国水利水电出版社，2012.

[16]　杨小军，宋拥军. 环境艺术设计原理 [M]. 北京：机械工业出版社，2011.

[17]　王小红. 大师作品分析——解读建筑 [M]，2 版. 北京：中国建筑工业出版社，2008.

[18]　戴志中，舒波，羊恂，赵冶. 建筑创作构思解析——符号·象征·隐喻 [M]. 北京：中国计划出版社，2006.

[19]　褚冬竹. 开始设计 [M]. 北京：机械工业出版社，2007.

[20]　杨茂川. 空间设计 [M]. 南昌：江西美术出版社，2009.

[21]　郝曙光. 当代中国建筑思潮研究 [M]. 北京：中国建筑工业出版社，2006.

[22]　王受之. 骨子里的中国情结——万科·第五园说 [M]. 哈尔滨：黑龙江美术出版社，2004.

[23]　张凌浩. 产品语意学 [M]，2 版. 北京：中国建筑工业出版社，2009.

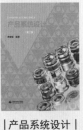